玩转色彩

配色编织技法全解

[英] 埃拉·奥斯汀 / 著
夏露 / 译

中国纺织出版社有限公司

玩转色彩

配色编织技法全解

目录

简介

对我而言，色彩是棒针编织中最让我兴奋的元素！当然了，其他元素比如麻花、蕾丝、纹理、几何等也都有其独特的风格，但是唯有色彩能让我发自内心地微笑，也是我起针开始编织的动力之源！

我发现，很多编织爱好者对配色编织有着与我一样的热情，但同时她们也会对它抱有畏惧的心理。首先，配色编织技术离不开学习和探索，而这些技术通常看起来很难。再者，如何科学搭配色彩，使其完美融合，一直是配色编织中最大的“拦路虎”，使很多人望而却步。

要克服第一点非常容易。事实上，配色编织技术只是“看起来”很难而已，一旦拿起针，一针一针对照着编织，你会发现那些看似复杂的技术原来都是“纸老虎”。

而要掌握第二点相对来说要困难得多。本书会在色彩搭配方面给你提供一些建议和“基本法则”。当然，最重要也是最简单的一条建议是：不要害怕，大胆尝试。呈现出来的效果也许会让你惊喜！即使尝试的结果并不如自己预想得美好，也不要气馁。我们要做的是静下心来，拆掉不够完美的作品，重新设计配色，接着再试一次。要记往：唯有坚持才是成功的不二法宝。

作为一本配色编织书，本书不仅教授大家编织技法，同时也提供十多款精美的成品编织指导。每一件设计作品不仅包含了用色建议，也会手把手教你如何运用其中的技法。我相信这样一本集理论、技法和实践作品于一体的书，对编织爱好者（尤其是初学者）会有很大的帮助。

当然，本书中的技法也可以运用到其他作品中。对那些致力于设计自己的原创作品的编织爱好者，本书也具有一定的参考意义。

最后，祝大家都能享受到学习新技法的乐趣，与色彩共舞！

埃拉·奥斯汀

Ella

色彩的选择

色彩是个性化的呈现，每个人对色彩的感知和鉴赏力大相径庭，而且都会有自己欣赏的颜色和色系。色彩搭配绝不仅仅是将不同颜色随意混合这么简单，事实上它是复杂且极具挑战性的。对于新手来说，色彩搭配呈现的效果有可能是“惊喜”，也有可能是“惊吓”。它是如此令人捉摸不透，有时候简单得好像随意挑选一些喜欢的颜色配在一起就会很好看，但更多时候我们还是需要对色彩的属性做一些思考和研究。

色彩的属性

色彩的三个属性——色相、明度、饱和度。

- **色相**——色彩呈现出来的面貌，比如绿色。我们描述一种颜色的时候，如浅绿色、草绿色，绿色就是它的色相。标准色轮显示了色相。

- **明度**——颜色的深浅，比如黄色比紫色更浅。在配色编织中，明度是最重要的属性。深、浅色之间的强烈对比会使编织的花样更突出。

低明度　高明度

- **饱和度**——颜色的强度或纯度。将白色、灰色或黑色加入最纯粹的颜色，如加入红色，都会影响红色的饱和度。使用大量高饱和度的颜色可以使作品更生动，而低饱和度的颜色则要更含蓄。将两者完美融合，可以起到事半功倍的效果。

低饱和度　高饱和度

色相

色轮展示了原色、间色（也叫二次色）与复色（也叫三次色）。红色、黄色、蓝色是三种原色。所有其余的颜色都是由三原色混合而成的。

色轮可以一分为二，接近橙色的那些颜色称为“暖色”，接近蓝色的那些则称为“冷色”。暖色相对来说比较突出，而冷色则稍显萧条。明白了这一原理，我们在选择花样颜色的时候，可以将需要突出的部分设计成暖色，而冷色可以作为背景色。

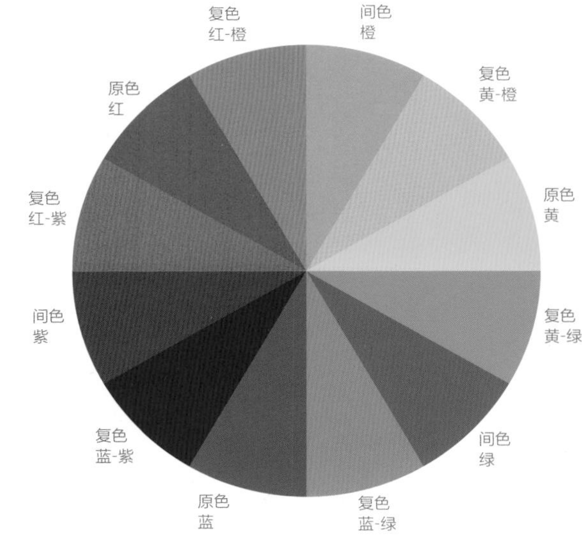

明度

明度代表了颜色深浅对比。在配色编织中，明度是非常重要的属性，在费尔岛提花中表现得尤为明显。因此，设计师们经常会采用两种对比强烈的颜色来设计费尔岛提花作品。

面对两种不同颜色的时候，我们很难分辨它们的明度。以红色和绿色为例，从色相上看，两者区别十分明显，但是要说出两者明度的高低则有一定难度。选择毛线颜色时，我们可以借助黑白照片（或者用软件将彩色照片调成黑白）来确定它们的明度，以此判断几种颜色之间的对比度是否符合设计需要。

色彩的饱和度会影响其明度。比如红色可以粗略分为深红色和浅红色。每个不同的色相都有其明度范围。

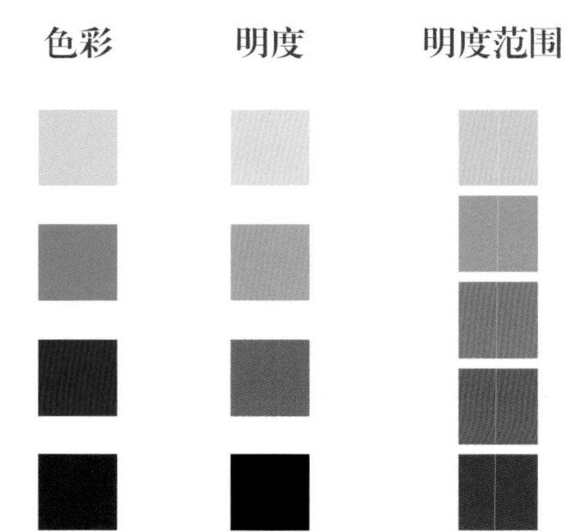

饱和度

饱和度指的是色相的纯度。通过添加白色、灰色或黑色，可以改变色彩的鲜艳程度。

- **色彩**——用白色混合其他颜色。
- **色调**——用灰色混合其他颜色。
- **色度**——用黑色混合其他颜色。

饱和度影响明度。在色相中混合白色使其颜色更浅；反之，混合黑色则颜色更深。

在色轮上选取若干高饱和度的颜色，混搭出来的效果是明亮、浓重的，甚至有一种纷乱、艳俗的感觉。我的配色经验是：只选取少许高饱和的颜色，再搭配一些浅色、深色或灰调的颜色，起到平衡的作用。或者还可以将相似色相、不同饱和度的颜色搭配起来。本书中的荆棘纹披肩就是一个很好的例子，我选用了深紫红色和浅紫红色两个颜色进行搭配。

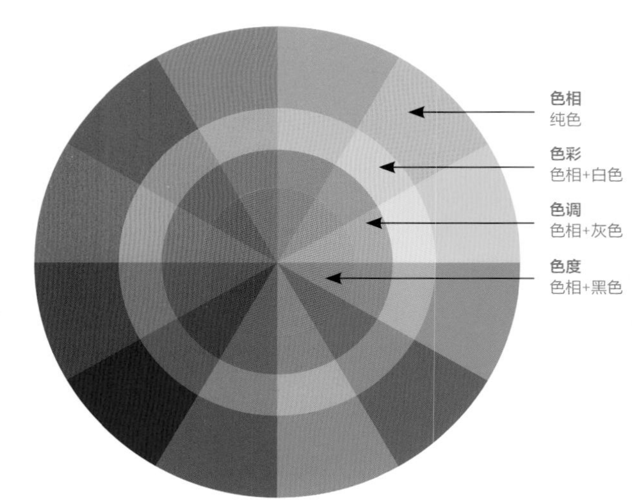

色彩搭配的灵感

色彩搭配的灵感可以通过多种方式、经由多种途径获得，比如色轮，或者设计书籍、杂志和互联网上的调色建议等。很多时候，不经意的一瞥会让你注意到许多有趣的配色方案。比如一幅喜爱的画、窗外的美景、墙纸的花纹、书的封面甚至是食物等，这些都可以成为你灵感的来源。

无论你正在有目的地寻找色彩搭配方案，还是仅仅停留在构思初期，我都建议大家把这些转瞬即逝的灵感作为素材收集起来，可以随手记录在本子上，或是保存在电脑文档里，也可以用拍照的方式留存下来，总之任何简单、有效的方法都可以，最好将收集到的素材分门别类地保存下来，方便随时查找、添加。一旦挑选出合适的色彩，我们就可以着手寻找毛线了！

毛线的颜色

毛线的颜色数不胜数，有未经染色的原坯毛线、单色毛线和多种方式纺、染而成的多色毛线。

单色毛线可以胜任绝大部分配色编织作品。此外，多色毛线包含了渐变、彩点、双色深浅等，不但“颜值”极高，而且织起来特别有趣！它自带配色元素，因此在很多设计和技法中比单色毛线更加适合。当然，选择单色还是多色毛线主要还是取决于配色图案的设计，在某些情况下，后者会弱化不同毛线之间的色彩对比。

多色毛线更适合编织条纹、色块和几何组合的配色作品。而在滑针提花和费尔岛提花作品中它的表现则不尽如人意。编织样片可以帮助编织者判断自己选择的毛线颜色是否与设计图案和针法能够完美融合。

样片的色彩

在正式开始一件新作品之前，编织样片可以帮助编织者掌握编织密度，从而有效地控制成品的尺寸。这也是检验编织效果是否与预期相符的好方法。有一些颜色虽然组合在一起很漂亮，但是一旦运用到特定的设计或针法中效果却大相径庭，尤其是在几种颜色明度接近的情况下，图案会显得不够清晰、突出。反之，用一些你平时觉得乏味的颜色组合进行编织，可能会有出乎意料的效果。

有经验的设计师在正式决定配色之前都会进行多次尝试，从中挑选最完美的组合。因此，即便最初挑选的颜色呈现出来的效果不如预期，你也不必气馁。编织的优势之一就在于可以随时拆除、从头再来。只要耐下心来，逐步改进配色方案，最终一定能挑选出最完美的色彩组合。

要编织一个标准的样片，必须起至少10cm宽度的针数。本书中每个作品的编织说明中都列明了边长10cm的正方形织片包含的针数和行数，即编织密度。如果编织的是带有花样针法的样片，那么最好起若干组重复花样的针数。你可以在图解或者花样的文字说明中找到每一组重复花样的针数。

以本书中多彩帽作品为例，编织样片的时候我起了40针。之所以选择这个数字，是因为它满足了以下两个条件：大于10cm包含的24针、能被单组花样针数8整除。

想要使样片更精确地反映作品的编织密度，最好采用与作品相同的方法来编织样片。也就是说，如果你的作品采用片织的方法，那么样片也必须片织；反之，如果作品采用圈织的方法，那么样片也必须圈织。

下图为多彩帽的样片，我选择了与作品一致的圈织法进行编织，剪开是为了方便观察花样效果和测量尺寸。起40针，用不同颜色的毛线进行提花编织。收针时仅收了前面32针，将最后8针从棒针上脱下，且一直向下脱针至起针行，再用剪刀将这些毛线从中间剪开，最后将样片定型。

相对来说，片织样片更加方便。只需要将样片织至少10cm长，接着收针即可。

有些编织爱好者认为编织样片这个过程非常无聊且没必要。但事实上，样片成功与否体现了毛线、颜色、花样和尺寸是否合适，对最终成品的效果有着举足轻重的作用。编织样片就好比画家素描前必须打线稿，是不可省略的步骤。

毛线和工具

编织用针

编织用针的尺寸、形状、材质多种多样。不同的编织者可能会有不同的偏好，我推荐大家亲手试织几种，这对找到适合自己的编织用针非常有帮助。高品质的针可以提升编织的效率和愉悦感，我认为在这类工具上做一些投资是非常有必要的。

开始编织作品前，选对针号是非常关键的一步。针号指的是针的周长，它通常标示于针上，显示为毫米（mm）或者英、美制针号。如果你对应该选哪种针号不太确定，那么可以编织样片测试一下效果。通常来说，采用公制和美制的针，数字越大，针越粗，对应的毛线也更粗；反之，数字越小，针越细，对应的毛线也更细。以下为公制、美制和英制的转换表，供参考。

英制	公制	美制
14	2mm	0
13	2.25mm	1
-	2.5mm	1.5
12	2.75mm	2
11	3mm	-
10	3.25mm	3
-	3.5mm	4
9	3.75mm	5
8	4mm	6
7	4.5mm	7
6	5mm	8
5	5.5mm	9
4	6mm	10
3	6.5mm	10.5
2	7mm	10.75
1	7.5mm	-
0	8mm	11
00	9mm	13
000	10mm	15
-	12mm	17
-	15mm	19
-	20mm	36
-	25mm	50

有一些作品可以使用直棒针进行编织，而另一些圈织的作品则需要用双头棒针或者环形针。

- **直棒针**——仅有一端针尖可进行编织，另一端为突起物，目的是防止线圈从针上脱出。直棒针有多种长度尺寸可供选择。
- **双头棒针**——从字面上就可以看出，双头棒针是两端针尖都可以进行编织的直棒针。同样的，它也有多种长度尺寸，但一般来说会比直棒针短，常成套出售，一套为四或五根针。双头棒针适合用来圈织周长比较小的筒状织物，比如袜子、手套等。用多根针进行圈织让不少人望而生畏，因为织物上至少有三根针，一想到要用这么多根一起编织就无从下手。请记住很重要的一点：虽然针的数量看起来很多，但每次只是用其中两根针进行编织，其余针都处于“闲置”的状态，直到圈织进行到某根针，才会将它“激活”。
- **环形针**——环形针由两根直棒针组成，两者之间用软绳连接起来。这两根直棒针称为针头，长度通常为10-15cm。软绳有多种长度可供选择，通常为23-150cm。环形针既可以用来圈织，也可以用来片织。

我本人最常用的是80cm长的金属尖头环形针，它几乎可以胜任一切织法。无论是片织还是圈织，甚至可以用它来圈织袜口、袖子等周长较小的织物。

其他工具和配件

一般来说，配色编织并不需要用到特殊的工具和材料，常用的编织工具已足够胜任。每个编织作品需要用到的工具和材料会在开篇列明。除了针，还有哪些有用的小工具呢？一起来看看吧！

- **试针板**——用来测量针号，即针的周长。
- **防脱别针**——样子有点像加长的安全别针，用来固定活动线圈，使其不脱落。就我个人而言，我更喜欢用废旧毛线充当防脱别针，比起硬质的别针，废旧毛线显得更加轻便、灵活。
- **废旧毛线**——相当好用的工具！它不仅可以作为防脱别针，还可以将它打结之后作为记号圈使用。我经常会剪几段废旧毛线放在我的编织工具包里，在可剪开的提花作品中，用它来加固提花部分非常方便。
- **钩针**——作为常用的钩编工具，钩针在棒针编织中的用处也很多。它可以用来挑起脱落的线圈，或是给围巾制作流苏等。在本书中，钩针还可以用来给需要剪开的提花预先加固，用钩针在需要加固的地方钩辫子针就可以了，非常方便。此外，它还是钩纽扣环的好帮手。
- **编织缝针**——比起用来缝纽扣的缝针，编织缝针的孔会大一些，针头也没前者那么尖锐。缝针是藏线头和缝合的必备工具。
- **剪刀**——多数编织爱好者偏好小而尖锐的剪刀。在剪提花时，这类剪刀非常实用。
- **尺**——用来测量长度。我推荐可伸缩的卷尺，方便携带且不占空间。
- **记号圈**——通常做成圈的形状，放在两针之间可以标记花样等的位置。有很多非常漂亮的款式可供选择。
- **行数记数器**——有很多种类：电子记数器、可以装在棒针上的小型记数器、挂坠式记数器、珠子记数器、APP记数器等。我习惯将行数记录在平板电脑或者打印出来的图解纸上。
- **定型工具**——定型丝或定型针可以用来将织物定型成需要的尺寸和形状。在披肩编织中，定型这一技法较为常用，将织完的披肩尽力拉伸定型之后会有脱胎换骨般的变化！定型垫也是常见的定型工具，泡沫垫是非常好的选择，因为定型针可以很轻易地插入垫子而不位移。如果没有准备定型垫，那么在床垫上定型也是可以的。此外，还可以准备洗衣盆和大号毛巾，用于浸湿织物和吸干水分。
- **线轴**——提花专用工具。织提花织物尤其是色块提花时，每种毛线的用量不大，可以将各色毛线缠绕至不同的线轴上，这样线与线之间不容易打结。我们可以购买成品线轴或者用硬板纸自制线轴，甚至可以用夹子等物件充当。织色块提花时，如果没有线轴，将各色毛线缠绕成一个个小毛线球也是可以的。
- **绒球制作器**——非常实用又小巧的制作绒球工具。当然也可以用硬板纸代替。

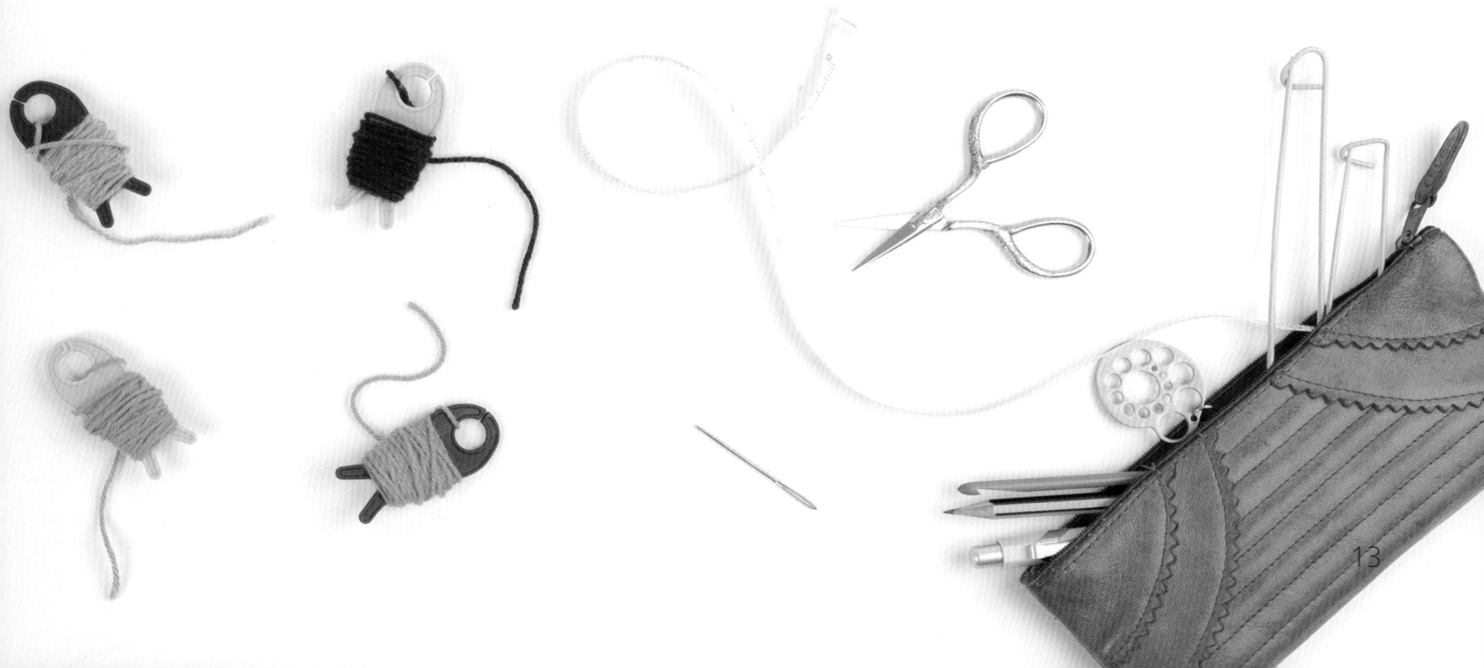

毛线

我们热爱毛线！各种各样的毛线让人兴奋！看到一团毛线的时候，我会有成千上万种设计构思。对于新手来说，要找到最适合编织特定作品的毛线并不容易，但随着经验的积累以及自身编织技术的提高，你会发现挑选毛线时更加得心应手了。

当我们讨论或者选择毛线时，最重要的考量标准是粗细和成分。

纱重

表示毛线粗细的术语。重量相同的前提下，越轻的毛线越细，长度越长，织出来的织物也越薄。以下是毛线粗细的对照表，供参考。

英制	美制	中国
2ply	Lace weight	蕾丝
4ply	Fingering/sock weight	细
DK light	Sport weight	中细
Double knitting	Light worsted	中粗
Aran	Worsted/fisherman/medium	粗
Chunky	Bulky	高粗
Super chunky	Super bulky	特粗

- **蕾丝**——又轻又细的毛线，特别适合用来编织披肩和蕾丝作品。织这类线的时候针号粗细变化可以很大，主要取决于编织者对作品的构想。
- **细**——欧美编织术语中的4股，指的是将4股超细的毛线合捻而成。这类毛线通常是最细的配色编织用线了，是编织手套、袜子或是其他轻质作品的最佳选择。当然，用它来编织帽子、围巾、披肩、衣物、玩偶也都相当合适。针号通常为2.25-3.25mm。
- **中细**——比细线稍粗一些。针号通常为2.75-4mm。
- **中粗**——大多数编织者最喜欢的粗细。它的优点是编织的时候比较轻巧，成品穿着舒适、厚度刚好。针号为3.5-4.5mm。
- **粗**——比中粗更粗一些的毛线。针号通常为4.5-6mm。
- **高粗**——特点是线粗、作品耗时短。针号通常为6-8mm。
- **特粗**——最粗的毛线。针号通常为8-15mm甚至更粗。

毛线常以一团或一绞为单位出售，重量以25g、50g、100g较为常见。毛线越粗，每一克的米数就越短。以同样100g中细线和高粗线为例，前者比后者长得多。

一般来说，织粗线的作品会比细线作品消耗更多毛线。

绞状的毛线在织之前最好绕成球状或圆柱状，可以选择手绕或者伞架等绕线机器。

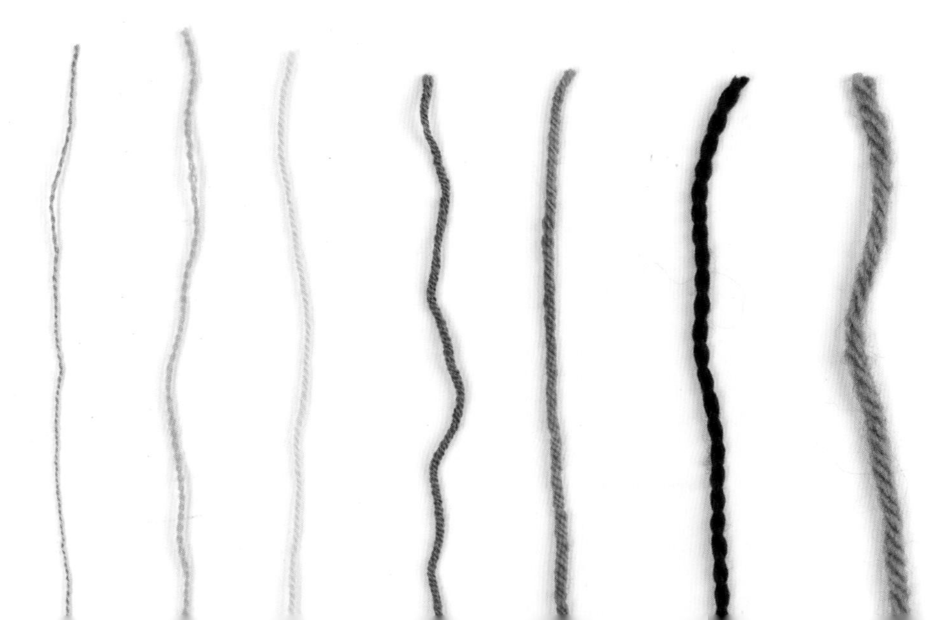

毛线的成分

毛线的成分指的是毛线的原料构成，通俗地说也就是毛线是用什么材质的纱纺成的。有些毛线是由单一成分纺织而成，另一些则包含多种不同成分。

- **人造纤维**——腈纶和涤纶是人造纤维的代表。它们的特点是牢固、易洗、价格实惠。腈纶是编织毯子的首选，因为它非常容易打理，而且即便是超大号的毯子，购买毛线的花费也不贵。有一些袜子专用毛线还会添加涤纶成分，使袜子更加耐磨。
- **动物纤维**——羊毛、羊驼毛、马海毛、丝等都是常见的动物纤维。有一些纤维，比如丝，通常与“精美”“奢华”等词联系在一起，价格也比较昂贵。动物纤维编织而成的织物耐磨、透气，是保暖衣物的首选。羊毛是众多编织者最爱的毛线，因为它触感柔软、成品饱满，用来编织提花色彩更分明。天然纤维织物经过定型之后非常漂亮，而且能长时间保持形状。
- **植物纤维**——棉、竹、亚麻是常见的植物纤维，成品柔软、穿着凉爽。植物纤维更适合用来织宽松的衣物甚至是家居用品。易于清洗是它们的另一大优势。

每种纤维都有自己的特性和优点。不同的处理方法、纺织工艺等都会影响毛线的质感。即使是同一种纤维纺制出来的毛线也可能天差地别。以羊毛为例，超水洗美丽诺柔软丝滑，它的质感与粗纺的设得兰羊毛完全不同，后者更粗犷，有一种原始的自然之美。

替代线的选择

绝大多数设计师都会在作品的编织指导里列明所使用的特定毛线。但这并不意味着你必须使用同款毛线，因为有时候这些线已经停产或者不容易买到。选择替代毛线要从编织者自己的喜好、需求以及预算等多方面考虑。

挑选替代毛线的时候，最好的方法是选择粗细、成分与原版线接近的线材。

阅读图解

配色编织作品的编织说明通常包含图解，有一些设计师还会同时附上图解的文字解说版本，当然也有一小部分编织说明中只包含了文字解说版本。配色编织是一种视觉艺术，因此图解是最清楚、最直观的展现形式。

图解通常由网格组成，每一个小方格代表一个编织动作。这个编织动作可能代表一针，也可能代表多针。这些编织动作会在图例中一一展示。

一般来说，在图解的底部、两侧边或者单侧边会标有数字。底部的数字代表针数，侧边的数字在片织时代表行数、在圈织时代表圈数。如果这件作品采用片织的编织方法，那么读图解的顺序与编织顺序相同，即第1行从右往左读，第2行从左往右读，以此类推。如果采用的是圈织的方法，那么无论是哪一圈，都应该从右往左读图解。此外，几乎所有图解都是从下往上读的。

很多图解仅仅代表了花样的一部分，因为花样本身有若干针数是重复的，为了节省篇幅，设计师一般会将需要重复的部分在图解上用粗框或者红线进行标注。也有一些设计师会选择将重复的次数写进指导文字中。

简易图解

以本书中的素色手套作品为例，它的图解相当简单。手套采用圈织的方法，因此每一圈都是从右往左读图。每一针都织成下针，且需要用图解上标明的不同颜色毛线编织。从图解上可以看出，此花样为4针一组，每一圈需要编织的组数根据总针数而定。

我们来分析一下这个图解。第1圈从右往左读图，先用B色线织2针下针，再用C色线织2针下针，将以上4针重复织至圈末。第2圈仍然从右往左读图，按照图解上标注的颜色选择不同色的毛线织下针即可，其余圈数也是一样的原理。完成的组数越多，花样越明显。

手套图解

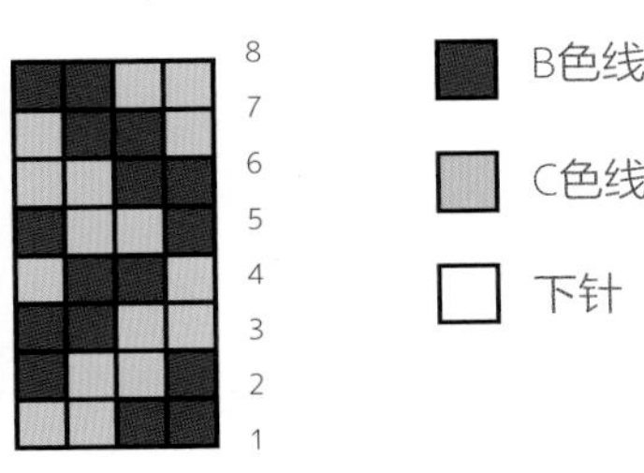

复杂图解

以下图解摘自本书的荆棘纹披肩——本书中最复杂的图解之一。这一图解的外观并非常规的长方形网格，而是具有特殊形状的。荆棘纹披肩采用片织的编织方法，为了与编织方向一致，图解的两侧边都标有行数。底部的数字并未标出，这是因为在编织的过程中首尾加针使总针数逐渐递增。此披肩用到的技法是滑针配色编织，因此图解每一行最右侧的条柱上标明了该行需使用的毛线颜色。图解中代表滑针的方格所画的颜色与前一行对应这一针的颜色相同，因为它就是将前一行这针织成滑针而已，颜色不变。滑针配色编织呈现出来的视觉对比效果很明显。此外，这个图解还包含了“无针”的针法，以及代表重复部分的红框。无针代表这一针并不存在，将它画上去只是为了平衡图解的加减针，使图解看起来更加完整。红框代表框内的针数和行数在编织的过程中需要重复多次。

一个图解包含了这么多复杂的细节，可能会“吓跑”一部分初学者。但事实上，无论图解有多复杂，只要永远将注意力放在“下一针”，一针一针织下去，你会发现其实比想象中容易得多。

我们来分析一下这个图解。第1行从右往左读图，最右侧的条柱表明这一行需用A色线进行编织。第1、2针织上针，在棒针上绕线织空针，再织1针下针。接下来进入红框标注的重复部分，先跳过无针的格子，直接织下一针，在下一针中织1针放3针，即在1针中织出1下针、1空针和1下针（相当于加了2针）。再跳过下一个无针，织3针下针。要注意的是，在编织最初的几组花样时，红框内的部分只需要织一次，而当针数越来越多之后，重复的次数也会逐渐增加，直至记号圈之前仅剩余2针。织完红框内的针数之后，继续往下织，仍然跳过无针，在下一针中织1针放3针，再将记号圈前的最后一针织成下针。接下来我们要织图解居中的3针，在记号圈前加1针，再将中心针织成下针。剩余的图解织法基本相同，与前半部分对称着编织即可。

披肩图解

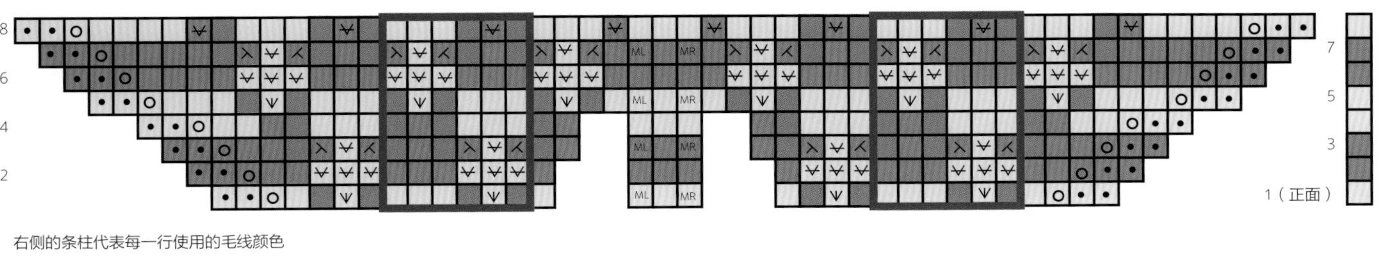

右侧的条柱代表每一行使用的毛线颜色

- A色线
- B色线
- 无针（直接跳到图解下一针）
- 重复部分
- 正面织下针，反面织上针
- 上针
- 空针
- 1针放3针
- 像织上针那样滑1针
- 右上2针并1针
- 左上2针并1针
- ML 左加针
- MR 右加针

条纹编织

杂色围巾

这款围巾采用最简单的搓板针法，是配色编织的入门作品，最适合初学者！我选择用两种不同颜色的毛线合股编织的方式制造出杂色的效果，再将不同的组合设计成条纹。我避开了那些鲜艳的色系，从标准色轮上精心挑选了五种颜色。五种颜色中的三种为素色，因此在设计条纹宽度的时候，我会尽量将它们收窄一些，以起到衬托的作用。

材料

毛线

Drops Alpaca Sport（100%羊驼毛），166m/50g/团，色号如下：

- **A色线：**蓝灰混色，色号7323，1团
- **B色线：**深灰混色，色号0506，1团
- **C色线：**浅灰混色，色号0501，1团
- **D色线：**金黄色，色号2923，1团
- **E色线：**白色，色号0100，1团
- **F色线：**红褐色，色号3650，1团
- **G色线：**青绿色，色号2917，1团
- **H色线：**浅粉色，色号3140，1团

针和工具

5mm直棒针一副，或是其他可以达到标准密度的针号

尺寸

均码：152cm × 18cm

所需技法

起针、下针、合股编织、收针

编织密度

5mm直棒针织搓板针（清洗、定型后）10cm × 10cm=16针 × 28行

编织说明

毛线颜色	行数
D	12
B&E	18
F	4
C&G	12
B&H	22
C	8
D&E	16
C&F	12
B	2
A	6
A&H	14
D	4
B&G	16
B&E	26
F	6
A	26
B&C	12
D	8
B&E	18
F	4
C&G	12
C&E	6
B&H	22
C	8
D&E	16
C&F	12
B	4
A	6
A&H	14
D	4
B&G	16
C&E	26
F	6
A	14
C&D	8
B&C	20
H	4
C	6
B&F	10
C&G	18
D	4
B&E	24
F	6
A	18
B&C	30

用两股**A色线**，起30针。

第1行（正面）：下针。

第2行（反面）：下针。

第3-28行：织26行下针。

换成一股**B色线**和一股**C色线**合并在一起（见“技法指导1：变换颜色”）。

第1行：下针。

第2-12行：织11行下针。

继续按照这样的方式，将两股毛线合并在一起，每一行都织下针（搓板针），配色的顺序请参照表格。每次变换颜色都要在反面行完成之后进行。

收针。

收尾

- 小心地定型（见“收尾：定型”），羊驼纤维在湿润的状态下会比较脆弱，因此从水中提起围巾的时候一定要非常小心。定型的时候自然平铺即可，避免拉扯、悬挂。
- 藏线头（见“技法指导2：如何在搓板针中藏线头”）。

提示

在只有一团线的情况下，如何实现双股合并编织？方法一：可以分别从线圈的外侧和中心各抽出一股毛线；方法二：在编织之前将毛线拆分为两团。

技法指导1：变换颜色

当编织说明中提到“换成B色线”时，不用担心，它的操作方法就和听上去一样简单！本款杂色围巾采用的是双股毛线合股编织的方法，但无论是双股还是单股，换线的方法都是相同的。

1. 将需要被替换掉的旧色线放掉，使其保留在织物的侧边。再用剪刀将旧色线从线团上剪断，保留大约15cm的长度，留作藏线头之用。

2. 挑起新色线，同样保留大约15cm的长度作为藏线头之用。

3. 用新色线织第1针下针（图1、图2）。这一针看起来很松散，这是正常的。我们只需要轻轻拉扯两条尾线，侧端看起来就会整齐很多，一旦收尾藏线头完成，边缘就会相当平整了。

4. 继续用新色线进行编织（图3）。

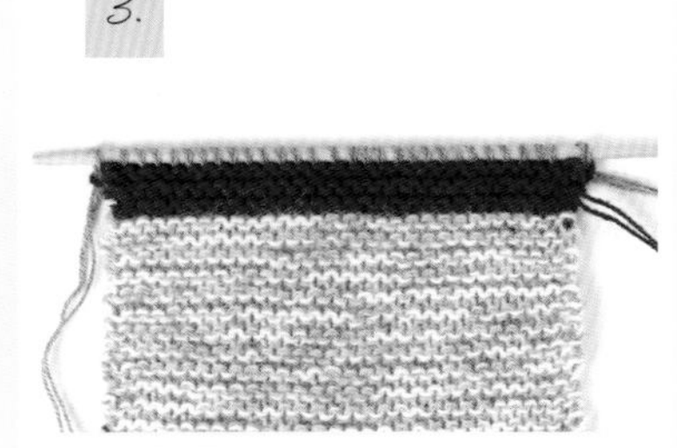

技法指导2：如何在搓板针中藏线头

众所周知，配色编织会产生非常多的尾线线头，而合理的规划可以使这些零散的线头藏得既整齐又牢固。我最喜欢的藏线头方法是顺着针脚的纹理走向进行。在配色编织作品中，请尽量将线头藏在同色的针脚内。

1. 确保织物的反面朝上。将尾线穿入缝针。将缝针插入最近的上针针脚内。

2. 继续将缝针穿入前一行的“V”形针脚下方。

3. 将缝针重新插入第1步的上针针脚内。

4. 调转缝针的方向，将其插入下一针上针的针脚内。

5. 继续按照这样的方法，顺着编织针法的纹理走向，至少藏5针。断线。

人字纹盖毯

在条纹的基础上增加一些加、减针，条纹图案就变成人字纹啦！这条毯子非常适合在闲暇时间编织，它能让你尽情体验颜色搭配的乐趣。仅仅通过改变条纹的宽度，或是增减颜色的数量，你就可以获得一条“私人定制”的盖毯了。设计这件作品时，最让我兴奋的部分是挑选颜色！我从一幅色彩鲜明、饱和度较高的绘画作品中获取了配色灵感，又恰好找到了颜色接近的手染毛线。我尽量使条纹的颜色分布显得比较“随意”，目的是保持作品色彩中明暗和冷暖的平衡。

材料

毛线

Malabrigo Rios（90%美丽诺，10%尼龙），400m/100g/绞，色号如下：

- **A色线：**草绿混色，色号128，1绞
- **B线色：**黄混色，色号035，1绞
- **C色线：**玫红混色，色号057，1绞
- **D色线：**紫红混色，色号136，1绞
- **E色线：**蓝混色，色号133，1绞
- **F色线：**浅绿混色，色号083，1绞
- **G色线：**棕黄混色，色号048，1绞
- **H色线：**黄绿混色，色号037，1绞
- **I色线：**红混色，色号611，1绞

针和工具

5mm直棒针一副，或是其他可以达到标准密度的针号

尺寸

均码：86cm × 124cm

所需技法

起针、下针、上针、加针、减针、收针

编织密度

5mm直棒针织平针（清洗、定型后）
10cm × 10cm=17针 × 24行

编织说明

用**A色线**，起181针。

搓板边

第1行（反面）： 下针。

第2行（正面）： 2下针，（1下针，左加针，6下针，中上3针并1针，6下针，右加针）重复至最后3针，3下针。

第3-4行： 将第1-2行重复1次。

第5行： 下针。

毯子

换成**B色线**（见“技法指导1：变换颜色”）。

第1行（正面）： 2下针，（1下针，左加针，6下针，中上3针并1针，6下针，右加针）重复至最后3针，3下针。

第2行（反面）： 3下针，全上针至最后3针，3下针。

第3-6行： 将第1-2行重复2次。

换成**C色线**。

第7-12行： 同第1-6行。

继续按照这样的方法，每织6行换一次颜色，6行的织法与**第7-12行**相同。配色的顺序是：D，E，F，G，H，C，I，F，D，B，A，C，E，G，F，A，I，D，H，E，B，G，C，F，E，I，G，H，C，A，B，D，F，I，B，H，G，E，I，D，H，A。

搓板边

换成**A色线**。

第1行（正面）： 2下针，（1下针，左加针，6下针，中上3针并1针，6下针，右加针）重复至最后3针，3下针。

第2行（反面）： 下针。

第3-4行： 将第1-2行重复1次。

收针。

收尾

- 定型（见“收尾：定型”），按所需尺寸平铺晾干。
- 藏线头（见“技法指导3：如何在平针中藏线头”）。

技法指导3：如何在平针中藏线头

织配色条纹时，由于每次换线都会遗留线头，因此线头的数量会比较多。众多的线头会使作品显得比较杂乱，但是无须担心，经过藏线头的处理，你的盖毯边缘会非常平整。

本款盖毯两侧边各留有3针搓板针，因此可以先用前文的方法在搓板边里藏线头（见“技法指导2：如何在搓板针中藏线头”），再在平针的部分藏线头。

1. 确保织物的反面朝上。将尾线穿入缝针。将缝针插入最近的上针针脚内，抽出尾线。

2. 调转缝针的方向，将其插入距离第1步那针最近的上针针脚内。再继续插入右下方最近的上针针脚内，抽出尾线。

3. 调转缝针的方向，将其插入距离刚刚插入那针最近的上针针脚内，再继续插入上一行的上针针脚内。

4. 继续按照这样的方法，顺着编织线的纹理走向，再多藏几针，直至你感觉比较牢固为止。断线。

条纹袜子

没有人不喜欢条纹袜子吧？市面上有很多段染毛线，可以用来织成自带渐变效果的条纹袜子，当然你也可以自己设计条纹配色，比如在袜口、袜跟、袜尖等部位采用对比强烈的颜色。我选择了一些较浅的明亮色手染毛线和一些较深的纯色毛线来设计本款袜子，制造出一种强烈的对比效果，手染毛线的彩点让强烈的对比柔和了一些，也为作品增添了些许趣味。

材料

毛线

- **A色线：** Hedgehog Fibres Sock（90%美丽诺，10%锦纶），400m/100g/绞，浅绿色，1绞
- **B色线：** Lang Jawoll（75%超水洗美丽诺，18%锦纶，7%腈纶），190m/50g/团，色号235，蓝色，1（1，2）团

针和工具

- 2.5mm双头棒针5根，或是其他可以达到标准密度的针号
- 废旧毛线——大约50cm长，与A色线的粗细相仿。最好选择比较光滑的、颜色对比强烈的线，比较显眼且方便拆除
- 记号圈

尺寸

小码（中码，大码）

- **适合脚围**22（24.5，27）cm
- **实际袜围**20（22.5，25）cm
- **脚长：** 可调节

所需技法

起针、下针、减针、圈织、缝合（无缝缝合）

编织密度

2.5mm直棒针织平针（清洗、定型后）
10cm×10cm=36针×50行

编织说明

织两只，左袜和右袜的后跟会有轻微区别，请注意。

袜口

用**A色线**，起64（72，80）针，放记号圈开始圈织，注意避免首尾扭转（见“进阶技法”中的“圈织”部分）。

第1圈：（2下针，2上针）重复到底。

重复**第1圈**的织法，直到双罗纹针长5cm。

袜筒

加入**B色线**。

继续织6圈一组的条纹，换色之后暂时不用的毛线不要剪断（见“技法指导5：圈织时换色不断线的秘诀”）。圈织时起止处的条纹会错行，所以要用不错行的方法来织（见“技法指导4：避免条纹错行”）。

****第1-6圈：**织6圈下针。

换成**A色线**。

第7-12圈：织6圈下针。

换成**B色线**。**

第13-48圈：将**至**之间的内容织3次。

第49-54圈：织6圈下针。

换成**A色线**。

第55-57圈：织3圈下针。

右后跟

用废旧毛线织接下来32（36，40）针下针。

将这32（36，40）针重新移回左棒针上。

用**A色线**再织这32（36，40）针下针，并继续织下针至圈末。

左后跟

织32（36，40）针下针。

用废旧毛线织接下来32（36，40）针下针。

将这32（36，40）针重新移回左棒针上。

用A线再织这32（36，40）针下针。

袜身

继续用**A色线**织。

第1-2圈：织2圈下针。

换成**B色线**。

*****第3-8圈：**织6圈下针。

换成**A色线**。

第9-14圈：织6圈下针。

换成**B色线**。***

重复***至***之间的内容直到袜身长13.5（14.5，15.5）cm，要从废旧毛线那一圈开始测量，且每组条纹必须完整。注意：袜尖会增加5.5（6，6）cm的长度，后跟会增加7（7.5，8.5）cm的长度。

剪断**A色线**，接下来仅用**B色线**进行编织。

下一圈：32（36，40）针下针，放记号圈，全下针到底。

袜尖

第1圈：1下针，右上2针并1针，全下针至记号圈前3针，左上2针并1针，1下针，滑记号圈，1下针，右上2针并1针，全下针至最后3针，左上2针并1针，1下针——减了4针。

第2圈：下针，边织边将记号圈移至右针。

再重复以上第1-2圈7（9，8）次——剩余32（32，44）针。

再将**第1圈**织3（3，5）次——剩余20（20，24）针。

下一圈：全下针至记号圈。

剪断毛线，留一段30cm长的线尾。

将剩余针数平均分成两份，分别移到两根棒针上，用无缝缝合法将其缝合（见“进阶技法”中的“无缝缝合法”部分）。

袜跟

在废旧毛线下方那圈平针中挑32（36，40）针，方法是：用针尖挑起每个下针V字的右半个线圈。将这些针数平均分配至两根双头棒针上（见“进阶技法”中的“后加的袜跟和拇指”部分）。

旋转袜片，用同样的方法在另一端挑32（36，40）针，同样将这些针数平均分配至两根双头棒针上。非常小心地拆除废旧毛线，确保每一针都牢牢地穿在棒针上，避免脱针。

用**B色线**，开始圈织：

第1圈：在间隙处挑织1针，织32（36，40）下针，在对侧的间隙处挑织2针，再织另一组32（36，40）下针，在间隙处挑1针，放记号圈——68（76，84）针。

第2圈：下针。

第3圈：34（38，42）下针，放记号圈，全下针到底。

第4圈：（1下针，右上2针并1针，全下针至记号圈前3针，左上2针并1针，1下针，滑记号圈）2次——剩余64（72，80）针。

第5圈：下针。

再重复第4-5圈10（12，14）次——剩余24针。

剪断毛线，留一段30cm长的线尾。

将剩余针数平均分成两份，分别移到两根棒针上，用无缝缝合法将其缝合（见“进阶技法”中的“无缝缝合法”部分）。

完成

- 定型（见“收尾：定型”）。
- 藏线头。

技法指导4：避免条纹错行

当我们圈织的时候，实际上织物是以螺旋的方式增高的，因此每一圈的末尾会比开头高一点。这就意味着变换新的颜色织条纹时，两种颜色的交接处会有一种很明显的"断裂"感，我们称之为"错行"。面对错行的发生，你可以选择无视它，或者用以下技法在每一圈的开头将它消除。

1. 用新换的颜色织一圈完整的下针（图1）。

2. 在织下一圈之前，先用右针挑起左针第1针下方用旧色线织的下针中的右半线圈，将它挂在左针上（图2）。

3. 再将这两针一起织左上2针并1针（图3），用这种方法可以使线圈被拉长，从而掩盖了错行，使条纹过渡更为平顺。

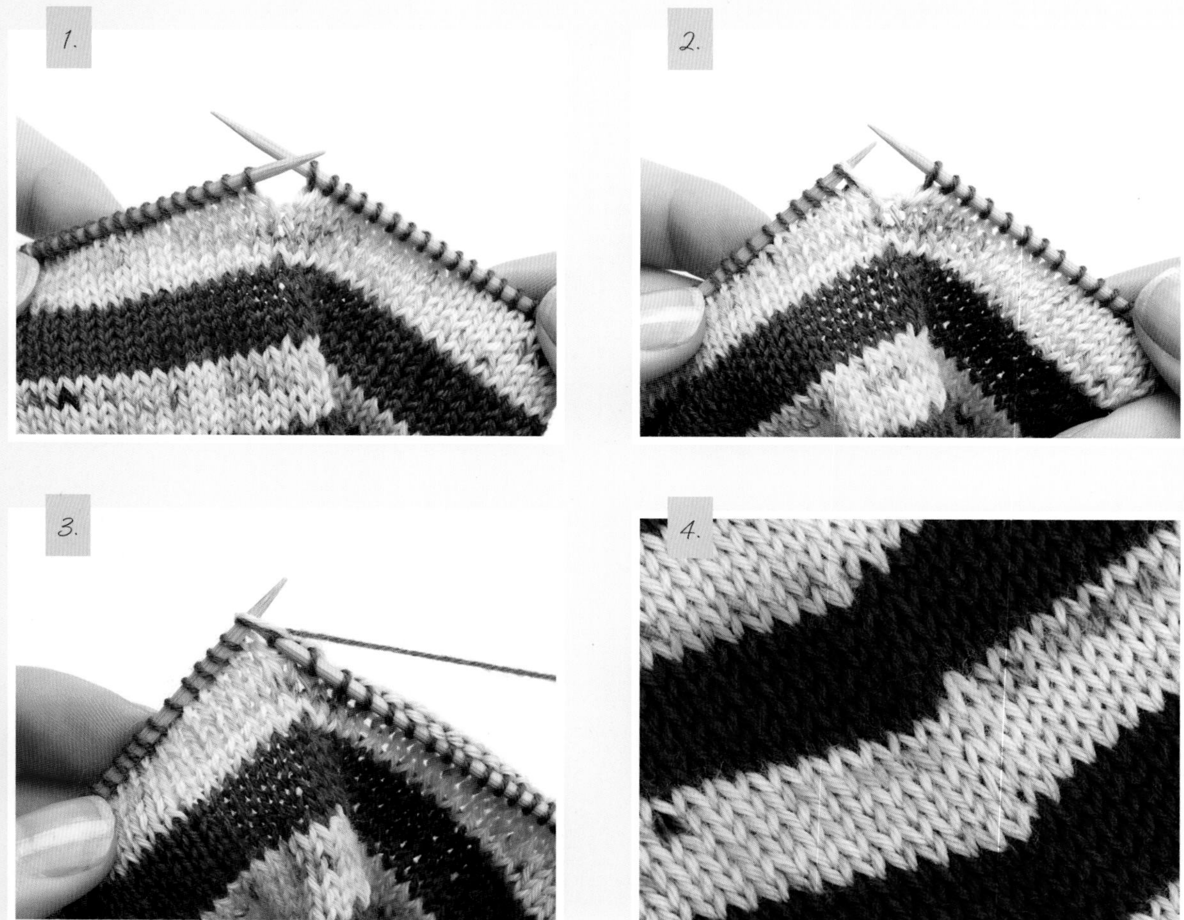

技法指导5：圈织时换色不断线的秘诀

织配色条纹时，运用此技法可以避免每次换色都断线。这样不光节省了毛线，收尾更简单利落，也不需要藏那么多线头。编织的时候，两种颜色的毛线始终与织物相连，因此千万不要使用松散的线团，否则在编织过程中两团毛线极易缠绕在一起。

1. 变换成新色时，将接下来要织的线（即新色）逆时针环绕需要往上带的线（旧色）（图1）。用新色线织第1针，轻轻抽一下旧色线，使其更牢固，但千万不要扯得过紧，否则会影响成品的平整度。

2. 继续用新色线织2至4圈下针。

3. 换另一种颜色的时候继续用第1步的方法逆时针绕线（图2）。

务必确保每次换线的时候都以逆时针方向绕线团，只有这样，往上带的毛线不仅不会透过织物表明显露出来，还能增加织物的弹性（图3）。

隐绘靠垫

隐绘编织，也叫错觉编织，是一种利用条纹制造特殊效果的编织技法。它通过简单的条纹排列，在某些行数上采用上、下针交替的针法，你可以在织物的正面制造类似凸起的效果，有时候也称为“搓板边”。从正面看，作品由众多细条纹组合而成，而一旦从侧面看，搓板边从起针行或收针行开始凸显，原本“隐藏”的图案神奇地显现出来了！我选择了深灰和蓝灰两种对比强烈的颜色来设计这个靠垫。冷色调带来宁静、压抑的感觉，有一种抽象的视觉效果。

材料

毛线

Berroco Vintage（52%腈纶，40%羊毛，8%锦纶），198m/100g/绞

- **A色线：**深灰色，色号5120，1绞
- **B色线：**蓝灰色，色号5109，1绞

针和工具

- 4mm直棒针一副，或是其他可以达到标准密度的针号
- 4颗纽扣，直径1.8cm

尺寸

均码：35cm×35cm，适用40cm或45cm见方的枕芯

所需技法

起针、下针、上针、阅读图解、收针

编织密度

4mm直棒针织平针（清洗、定型后）
10cm×10cm=17针×33行

编织说明

前片

编织前片的时候，你可以选择阅读文字说明或者图解。变换颜色时无需断线，边织边将毛线从侧面往上带（见“技法指导6：片织时换色不断线的秘诀”）。

文字说明

用**A色线**，起62针。

***第1行（正面）：**下针。

第2行（反面）：1下针，（10下针，10上针）重复至最后一针，1下针。

换成**B色线**。

第3行：下针。

第4行：1下针，（10上针，10下针）重复至最后一针，1下针。

换成**A色线**。*

第5-20行：将*至*之间的内容重复4次。

****第21行：**下针。

第22行：1下针，（10上针，10下针）重复至最后一针，1下针。

第23行：下针。

第24行：1下针，（10下针，10上针）重复至最后一针，1下针。

换成**A色线**。**

第25-40行：将**至**之间的内容重复4次。

第41-120行：将第1-40行重复2次，接着织纽扣孔条（见“纽扣孔条”部分）。

图解说明

第1行（正面）：从右往左读图解，织图解**第1行**，重复部分一共织3次。

第2行（反面）：从左往右读图解，织图解**第2行**，重复部分一共织3次。

第3-40行：继续织图解第3-40行，按照图解的配色换线，直至图解40行全部完成。

第41-120行：重复**第1-40行**2次，接着织纽扣孔条（见“纽扣孔条”部分）。

提示

完成作品之后，将有纽扣的一面朝后，且纽扣条垂直放置，请从侧前方欣赏作品，以获得最佳观赏体验。

靠垫图解

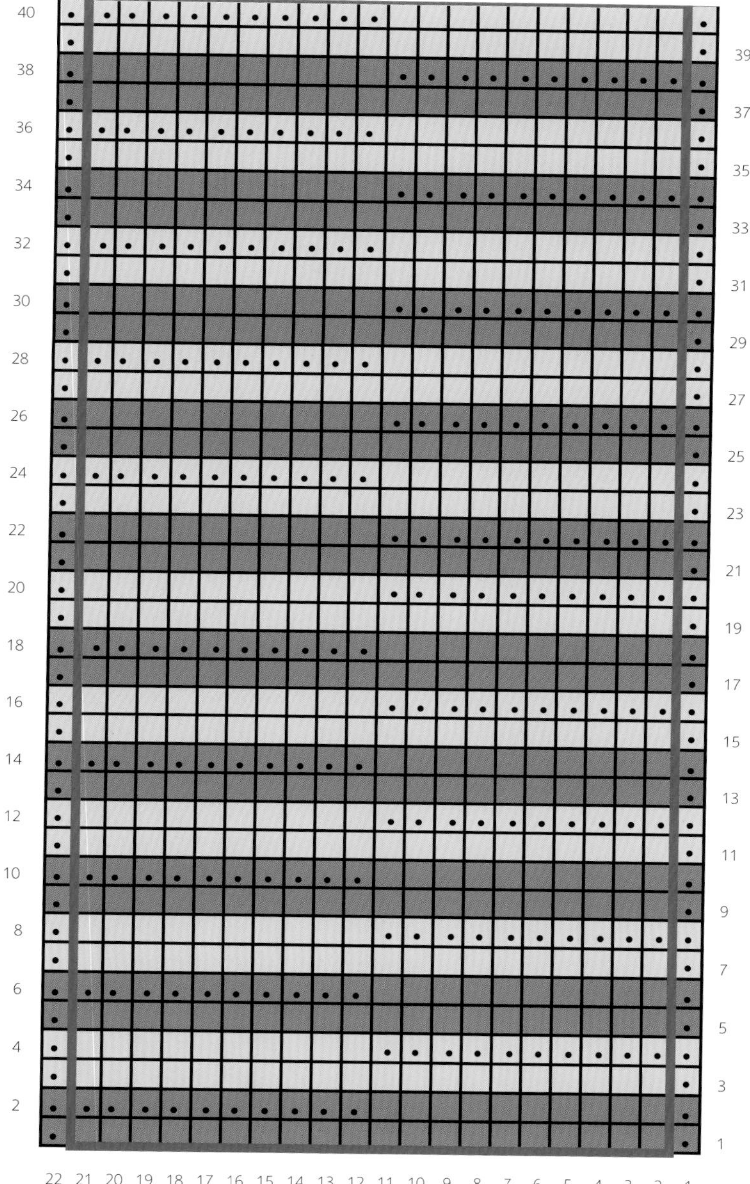
40
38
36
34
32
30
28
26
24
22
20
18
16
14
12
10
8
6
4
2
39
37
35
33
31
29
27
25
23
21
19
17
15
13
11
9
7
5
3
1
22 21 20 19 18 17 16 15 14 13 12 11 10 9 8 7 6 5 4 3 2 1

重复部分
A色线
B色线
正面织下针，反面织下针
正面织下针，反面织上针

纽扣孔条

换成**A色线**。

第1行：下针。

第2行：1下针，（2下针，2上针）重复至最后一针，1下针。

第3行：下针。

第4行：1下针，（2上针，2下针）重复至最后一针，1下针。

第5-12行：将**第1-4行**重复2次。

第13行：下针。

第14行：1下针，（2下针，2上针）重复至最后一针，1下针。

第15行（纽扣孔）：10下针，左上2针并1针，1空针，（11下针，左上2针并1针，1空针）3次，11下针。

第16行：1下针，（2上针，2下针）重复至最后一针，1下针。

第17-20行：将**第13-16行**重复1次。

收针。

后片

用**A色线**，起62针。

第1-40行：与前片织法相同。

再织**第1-40行**一次。

再织**第1-20行**一次。

纽扣条

换成**A色线**。

第1行：下针。

第2行：1下针，（2下针，2上针）重复至最后一针，1下针。

第3行：下针。

第4行：1下针，（2上针，2下针）重复至最后一针，1下针。

第5-20行：将**第1-4行**重复4次。

收针。

收尾

- 定型至需要的尺寸(见“收尾：定型”)。
- 藏线头（见“技法指导2：如何在搓板针中藏线头”）。
- 将纽扣孔条放置于纽扣条之上，用回针法缝合两者侧边。
- 用无缝缝合法缝合靠垫侧边（见“进阶技法”中的“无缝缝合法”部分）。
- 在纽扣条上缝4颗纽扣，具体位置参照纽扣孔的分布。
- 藏线头。

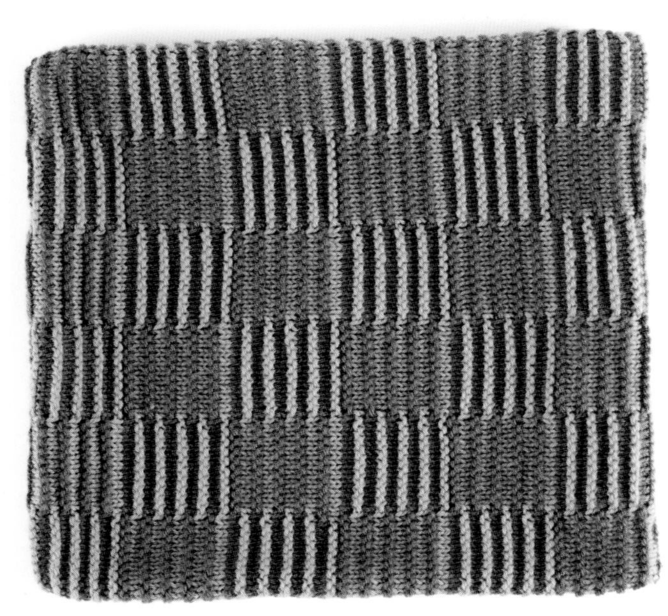

技法指导6：片织时换色不断线的秘诀

隐绘编织的原理是用两种颜色的毛线织条纹，每条条纹由两行组成。如果每织一组条纹之前都要剪断毛线的话，不仅会造成不必要的浪费，而且会使藏线头的工作量巨增。最好的方法是将暂时不用的毛线顺着织物的侧边往上带。由于每组条纹只有两行，所以这一过程显得尤为简单。

1. 用一种颜色织完两行之后，将其移至织物后方（图1）。

2. 用另一色的毛线织第1针下针，注意不要将毛线扯得过紧，否则会影响成品的平整度（图2）。

3. 对于那些超过两行的条纹，仍然可以用这一方法将毛线边织边由侧边往上带。只需要每隔几行就将要织的毛线与暂时不用的毛线扭转一下即可（图3）。注意观察编织密度，使其维持在一个比较稳定的状态。

1.

2.

3.

滑针编织

砖纹清洁布

清洁布是你尝试新编织技法的首选。它尺寸比较小，相比服装来说，它对尺寸的精准性要求不高，万一织错了也不影响其实用性。这款清洁布的两侧边运用了滑针的针法，使边缘更清晰、整齐。花样的部分也同样以滑针织成，形成别致的纹理效果。我选择了温和、自然的颜色作为背景色，再用对比色使花样的线条感更加凸显。由于只需要用到两种颜色，你可以尽情尝试各种各样的颜色搭配，甚至可以选择那些你平时不常用、也不敢穿在身上的“疯狂”色彩！

材料

毛线

Lily Sugar's Cream（100%棉），109m/71g/团

紫色款

- **A色线：**米色，色号0082，1团
- **B色线：**浅紫色，色号0093，1团

绿色款

- **A色线：**米色，色号0082，1团
- **B色线：**浅绿色，色号0084，1团

针和工具

- 4.5mm直棒针一副，或是其他可以达到标准密度的针号

尺寸

均码：24cm×24cm

所需技法

起针、下针、上针、滑针、片织、阅读图解、收针

编织密度

4.5mm直棒针织砖纹花样（清洗、定型后）

10cm×10cm=18针×36行

编织说明

用**A色线**，起43针。

织**第1-12行**，可以选择阅读下方的文字说明或者图解。在开始编织之前，请先阅读滑针的针法指导（见“技法指导7：滑针”）。

文字说明

第1行（正面）：全下针至最后2针，毛线在后，滑2针。

第2行（反面）：全上针至最后2针，毛线在前，滑2针

换成**B色线**。

第3行：6下针，（毛线在后，滑1针，5下针）重复至最后7针，毛线在后，滑1针，4下针，毛线在后，滑2针。

第4行：2上针，4下针，（毛线在前，滑1针，5下针）重复至最后7针，毛线在前，滑1针，4下针，毛线在前，滑2针。

第5行：2下针，4上针，（毛线在后，滑1针，5上针）重复至最后7针，毛线在后，滑1针，4上针，毛线在后，滑2针。

第6行：同**第4行**。

换成**A色线**。

第7行：全下针至最后2针，毛线在后，滑2针。

第8行：全上针至最后2针，毛线在前，滑2针。

换成**B色线**。

第9行：3下针，（毛线在后，滑1针，5下针）重复至最后4针，毛线在后，滑1针，1下针，毛线在后，滑2针。

第10行：2上针，1下针，（毛线在前，滑1针，5下针）重复至最后4针，毛线在前，滑1针，1下针，毛线在前，滑2针。

第11行：2下针，1上针，（毛线在后，滑1针，5上针）重复至最后4针，毛线在后，滑1针，1上针，毛线在后，滑2针。

第12行：同**第10行**。

再重复以上**第1-12行**6次。

再织**第1-2行**1次。

收针。

清洁布图解

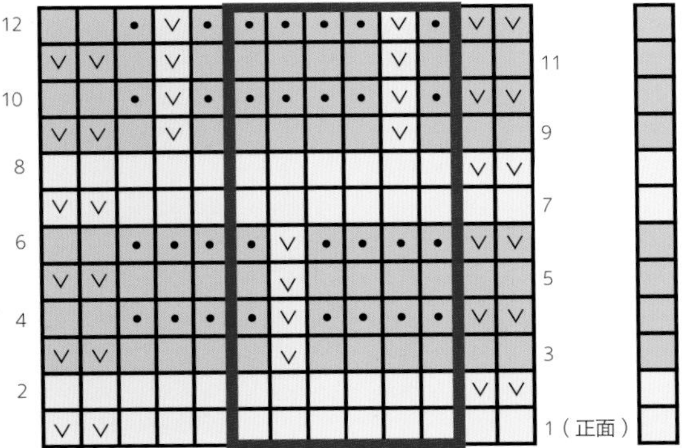

右侧的条柱代表每一行使用的毛线颜色

- 重复部分
- A色线
- B色线
- 正面织上针，反面织下针
- 正面织下针，反面织上针
- 毛线在反面，滑1针

图解说明

第1行（正面）：从右往左读图解，先织**第1行**开头2针，再将重复部分一共织6次，接着织最后5针。

第2行（反面）：从左往右读图解，先织**第2行**开头5针，再将重复部分一共织6次，接着织最后2针。

这2行确定了图案的位置。

第3-12行：继续按图解编织，直到织完12行。

再重复以上**第1-12行**6次。

再织**第1-2行**1次。

收针。

收尾

- 定型清洁布（见“收尾：定型”）。
- 藏线头。

技法指导7：滑针

除非特别说明滑针是像织下针那样入针，否则均默认为像织上针那样入针。

另一个需要关注的问题是滑针的时候要将毛线放在“前面”还是“后面”。除了“前面”和“后面”，还有两个容易与它们混淆的术语：“正面”和“反面”。在接下来的文字中我会详细解释它们之间的区别。但你也无须过分担心，因为几乎每个作品的编织说明中都会解释得很清楚。

前面和后面

“前面”指的是当你编织的时候，织物朝向你的那一面。

“后面”指的是当你编织的时候，织物远离你的那一面。

当我们将织物翻面的时候，前面和后面也会相应改变。

正面和反面

“正面”指的是当你使用或者穿着织物的时候，外露的那一面。

“反面”指的是当你使用或者穿着织物的时候，隐藏的那一面。

与随时可能变换的前面和后面不同，正面和反面在编织过程中是固定不变的。一般来说，在编织指导的开头两行就会写清楚哪个是正面、哪个是反面。

毛线在后，滑1针

将毛线放在远离自己的那一面，也就是织物的后面，像织上针那样入针，将左针第1针滑掉不织，具体操作是：将毛线放在织物后面，像织上针那样滑1针（如图1所示，右针像要织上针那样插入左针第1针，把它从左针转移至右针）。

毛线在前，滑1针

将毛线放在靠近自己的那一面，也就是织物的前面，像织上针那样入针，将左针第1针滑掉不织，具体操作是：将毛线放在织物前面，像织上针那样滑1针（如图2所示，右针像要织上针那样插入左针第1针，把它从左针转移至右针）。再将毛线越过两根棒针之间，移至后面，准备织下一针。

麻布纹包

和本书中大部分作品一样，此款包袋看起来有点复杂，但实际上织起来相当容易，而且成品效果十分出彩！麻布纹花样整体采用滑针的针法，在下针和上针之间穿插进行。在色彩搭配方面，如果选择对比强烈的颜色来织麻布纹会稍显凌乱、刺眼，所以我从色轮上挑选了三种比较接近的颜色：黄色和两种深浅不同的蓝色。

材料

毛线

BC Garn Semilla Grosso（100%有机羊毛），80m/50g/团

- **A色线：**蓝绿色，色号OA111，2团
- **B色线：**灰蓝色，色号OA120，1团
- **C色线：**黄色，色号OA107，1团

针和工具

- 5.5mm直棒针一副，或是其他可以达到标准密度的针号
- 6.5mm或者更大针号的直棒针，仅用于收针

尺寸

均码：32cm×28cm

所需技法

起针、下针、上针、滑针、片织、阅读图解、收针

编织密度

5.5mm直棒针织平针（清洗、定型后）10cm×10cm=18针×35行

CREATIVE INC.

编织说明

前片和后片

织法相同，织两片。

用**A色线**，起55针。

织**第1-6行**，可以选择阅读下方的文字说明或者图解。在开始编织之前，请先阅读麻布纹的针法指导（见“技法指导8：三色麻布纹针法”）。

文字说明

换成**B色线**。

第1行（正面）：1下针，（毛线在前，滑1针，1下针）重复到底。

换成**C线色**。

第2行（反面）：1下针，1上针，（毛线在后，滑1针，1上针）重复至最后一针，1下针。

换成**A色线**。

第3行：同第1行。

换成**B色线**。

第4行：同第2行。

换成**C色线**。

第5行：同第1行。

换成**A色线**。

第6行：同第2行。

图解说明

第1行（正面）：从右往左读图解，织图解**第1行**，重复部分一共织26次。

第2行（反面）：从左往右读图解，织图解**第2行**，重复部分一共织26次。

第3-6行：继续按图解编织，直到织完6行。

文字与图解的补充说明

继续这样织：

第7-102行：将**第1-6行**再重复织16次。

断掉**B色线**和**C色线**，仅用**A色线**继续织。

第103行：1下针，（毛线在前，滑1针，1下针）重复到底。

第104行（反面）：1下针，1上针，（毛线在后，滑1针，1上针）重复至最后一针，1下针。

第105-114行：将**第103-104行**再重复织5次。

用大号针松松地收针，方法如下：

收针：1下针，*滑1针，提起右针上较低的那针，将它盖过顶部的那针（收掉1针），1下针，将右手针上较低的那针盖过顶部的那针（收掉1针）；从*开始重复到底，剪断毛线，将尾线从剩余那针中拉出抽紧。

提手

用同样方法织两条。

用**A色线**，起7针。

第1行（正面）：1下针，（毛线在前，滑1针，1下针）重复到底。

第2行（反面）：1下针，1上针，（毛线在后，滑1针，1上针）重复至最后一针，1下针。

再重复**第1-2行**至提手总长58cm。

用大号松松地收针，方法与前、后片收针方法相同。

收尾

- 定型织片（见“收尾：定型”）。
- 将前片和后片沿底边、侧边用无缝缝合法缝合起来（见“进阶技法”中的“无缝缝合法”部分）。
- 将提手牢牢缝在包袋上沿的反面，两者重叠的部分大约为3cm。
- 藏线头。

包袋图解

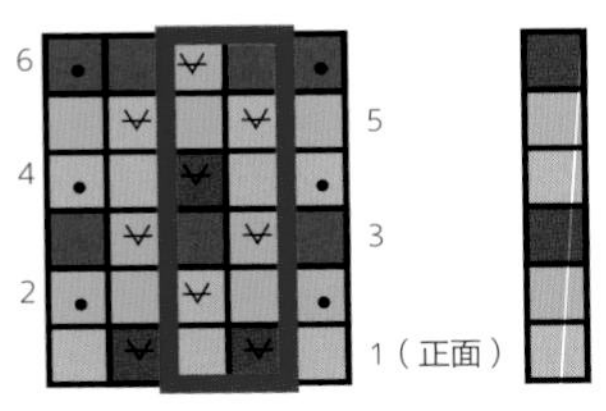

右侧的条柱代表每一行使用的毛线颜色

- □ 重复部分
- ■ A色线
- ■ B色线
- ■ C色线
- ⊡ 正面织上针，反面织下针
- □ 正面织下针，反面织上针
- ⊻ 毛线在正面，滑1针

麻布纹针法正面效果图

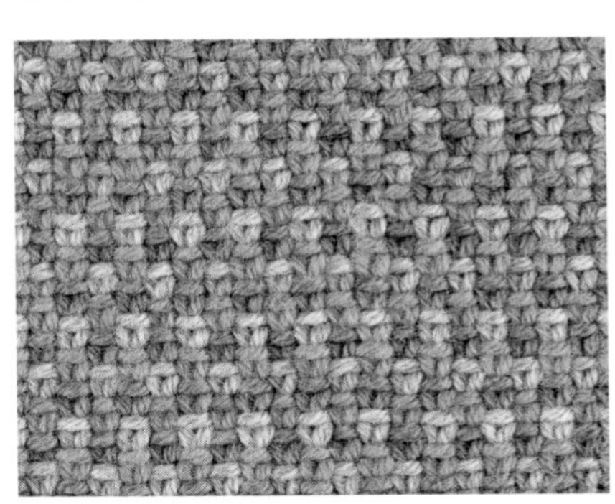

麻布纹针法反面效果图

技法指导8：三色麻布纹针法

三色麻布纹针法与常规麻布纹针法的编织方法相同，唯一的区别在于前者每织一行都需要换色，三种颜色以固定的顺序依次进行编织。

编织麻布纹针法中的滑针之前，要将毛线放置于织物的正面；织完滑针之后，则需要将毛线放置于织物的反面。这样就形成了麻布纹针法中最重要的部分——水平的纹理。由于每织一行都要换一次颜色，各色之间间隔较短，因此换线的时候无需剪断旧色线，只要将新线直接挑起编织即可。注意要随时理顺三团毛线，否则容易打结，影响编织效率。

正面行

编织正面行的时候（即花样正面朝向编织者），交替编织1针下针与1针毛线置于前面的滑针，方法如下：

1. 织1针下针。

2. 毛线在前，滑1针——将毛线置于织物前面，像织上针那样滑1针。将毛线从左、右棒针之间越过，绕到织物前方。像织上针那样滑1针（如图1所示，将右针按照织上针的方式从右往左插入线圈，再将它从左针转移至右针）。将毛线从左、右棒针之间越过，绕到织物后方，接下来准备织下一针（图2）。

重复以上两个步骤，直至最后剩余1针。将最后一针边针织成下针。

反面行

编织反面行的时候（即花样反面朝向编织者），交替编织1针上针与1针毛线置于后面的滑针，方法如下：

1. 织1针下针作为边针。

2. 织1针上针。

3. 毛线在后，滑1针——将毛线置于织物后面，像织上针那样滑1针。将毛线从左、右棒针之间越过，绕到织物后方。像织上针那样滑1针（如图3所示，将右针按照织上针的方式从右往左插入线圈，再将它从左针转移至右针）。将毛线从左、右棒针之间越过，绕到织物前方，接下来准备织下一针（图4）。

重复第2-3步，直至最后剩余1针。将最后一针边针织成下针。

3.

4.

马赛克手套

本款手套是以马赛克提花的方法圈织而成的。每一圈均包含两种针法：滑针和下针，以此形成双色的花样图案。马赛克提花与费尔岛提花的成品效果类似，但是比后者的织法更简单，因为每一圈仅需用一种颜色的毛线进行编织。手套的图案为十字，长度至腕部。两种对比强烈的颜色使滑针图案更加突出。尽管我选择了相对不那么鲜艳的黄绿色作为主色，但是在石灰色这种更“苍白”的配色衬托下，十字图案仍然立体感十足。

材料

毛线

Quince & Co. Tern（75%羊毛，25%丝），202m/50g/绞

- **A色线：**黄绿色，1绞
- **B色线：**石灰白色，1绞

针和工具

- 2.75mm双头棒针5根，或是其他可以达到标准密度的针号
- 废旧毛线——大约50cm长，与A色线的粗细相仿。最好选择比较光滑的、颜色对比强烈的线，比较显眼且方便拆除
- 记号圈

尺寸

均码：适合大多数成人的手掌

- **适合手掌周长：**18-20cm
- **实际手套周长：**18.5cm
- **长度：**19cm

所需技法

起针、下针、上针、阅读图解、圈织、提花、收针、后加的拇指

编织密度

2.75mm双头棒针织平针（清洗、定型后）

10cm × 10cm=26针 × 40行

编织说明

腕口

用**A色线**起48针，放记号圈开始圈织，注意避免首尾扭转（见“进阶技法”中的“圈织”部分）。

第1圈：（1下针，1上针）重复到底。

第2-3圈：重复第1圈2次。

第4圈：下针。

马赛克提花部分

织**第1-26圈**，可以选择阅读下方的文字说明或者图解。在开始编织之前，请先阅读滑针的针法指导（见“技法指导9：圈织中的滑针”）。

文字说明

换成**B色线**。

第1圈：【2下针，（滑1针，1下针）4次，2下针】重复到底。

第2圈：同**第1圈**。

换成**A色线**。

第3圈：（1下针，滑1针，7下针，滑1针，2下针）重复到底。

第4圈：同**第3圈**。

换成**B色线**。

第5圈：（滑1针，3下针，滑1针，1下针，滑1针，3下针，滑1针，1下针）重复到底。

第6圈：同**第5圈**。

换成**A色线**。

第7圈：【（3下针，滑1针）2次，4下针】重复到底。

第8圈：同**第7圈**。

换成**B色线**。

第9圈：【（滑1针，1下针）2次，4下针，（滑1针，1下针）2次】重复到底。

第10圈：同**第9圈**。

换成**A色线**。

第11圈：【（3下针，滑1针）2次，4下针】重复到底。

第12圈：同**第11圈**。

换成**B色线**。

第13圈：【滑1针，3下针，（滑1针，1下针）2次，2下针，滑1针，1下针】重复到底。

第14圈：同**第13圈**。

换成**A色线**。

第15圈：（1下针，滑1针，7下针，滑1针，2下针）重复到底。

第16圈：同**第15圈**。

换成**B色线**。

第17-26圈：重复**第1-10圈**。

图解说明

加入**B色线**，开始按图解编织，方法如下：

第1圈：从右往左读图解，织图解第1行4次。

第2圈：同第1圈。

以上第1-2圈确定了马赛克提花的位置。

第3-26圈：继续织图解，直至全部26圈都完成。

手套图解

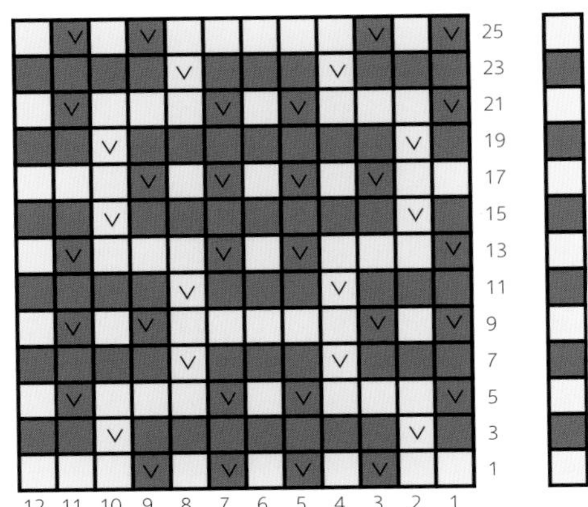

右侧的条柱代表每一行使用的毛线颜色

- A色线
- B色线
- 下针
- V 毛线在反面，滑1针

手掌

接下来仅用**A色线**进行编织。

第1-3圈：下针。

第4圈：23下针，放记号圈，左加针，2下针，右加针，放记号圈，23下针——50针。

第5-6圈：下针。

第7圈：全下针至记号圈，滑记号圈，左加针，全下针至记号圈，右加针，滑记号圈，全下针到底——52针。

第8-22圈：将**第5-7圈**重复织5次——62针。

第23圈：下针。

第24圈：全下针至记号圈，将接下来16针移至废旧毛线上，用下针起针法起2针（见“起针与收针”中的“下针起针法”部分），或者使用别的起针法也可以，全下针到底——48针。

第25-44圈：织20圈下针。

第45圈：（1下针，1上针）重复到底。

第46-51圈：将**第45圈**重复织6次。

收针。

拇指

用**A色线**，沿拇指根部起2针的部分挑织2针，再挑起废旧毛线上的16针，将它们织成下针，接下来开始圈织，注意避免首尾扭转（见“进阶技法”中的“圈织”部分）——18针。

第1-6圈：织6圈下针。

第7圈：（1下针，1上针）重复到底。

第8-10圈：将**第7圈**重复3次。

收针。

收尾

- 定型（见“收尾：定型”）。
- 藏线头。

技法指导9：圈织中的滑针

由于手套采用圈织的方法，因此正面自始至终都面向编织者。这极大地简化了滑针的步骤，只需将毛线放在后方即可，也方便观察图案的生成过程。

每两圈的织法相同，所以图解中的一行实际代表了编织过程中的两圈。此外，因为是圈织，所以每一圈都是从右往左读图解。

1\. 开头两圈用B色线进行编织，遇到A色的线圈就将它织成滑针（图1）。

2\. 接下来两圈用A色线进行编织，遇到B色的线圈就将它织成滑针（图2）。

3\. 继续这样每个颜色织两圈，用下针和滑针两种针法根据图解进行编织。

1.

2.

荆棘纹披肩

披肩上优雅的荆棘纹花样由滑针、加针和减针形成。花样看起来比较复杂，但是不必焦虑，只要重复织几次之后你就能很容易地记住它的规律。披肩以几行搓板针和狗牙收针结尾。我选择了两种颜色的手染毛线——深紫红和浅粉红，使花样更凸显。

材料

毛线

Tosh Merion Light 4ply（100%美丽诺），384m/100g/绞

- **A色线：**浅粉色，1绞
- **B色线：**深紫红色，1绞

针和工具

- 3.75mm直棒针一副，或是其他可以达到标准密度的针号

尺寸

均码

- **翼展：**180cm
- **中心高度：**56cm

所需技法

起针、下针、上针、滑针、加针、减针、阅读图解、收针

编织密度

3.75mm直棒针织荆棘纹花样（清洗、定型后）10cm×10cm=22针×36行

编织说明

用**A色线**，起2针。

搓板针条

第1-6行：上针。

翻转搓板针条，沿长直侧边挑织3针上针，再沿起针行挑织2针上针——7针。

披肩主体前期准备

第1行（正面）：2上针，1空针，1下针，右加针，放记号圈，1下针，放记号圈，左加针，1下针，1空针，2上针——11针。

第2行（反面）：2上针，1空针，全上针至最后余2针，1空针，2上针——13针。

第3行：2上针，1空针，4下针，右加针，1下针，左加针，4下针，1空针，2上针——17针。

第4行：同**第2行**——19针。

主体部分

织**第1-8行**，可以选择阅读下方的文字说明或者图解。织滑针的时候，始终将毛线放在织物的反面。意思是当你织下针行（正面行）的时候，先将毛线放在织物后面，再滑1针；反之，当你织上针行（反面行）的时候，要将毛线放在织物前面再滑1针。编织披肩之前，请通读“技法指导10：荆棘纹花样”。每次遇到记号圈的时候，自然地将它从左针转移至右针即可。

注意

在披肩中心针的两侧各放1个记号圈。放上去之后，每次遇到它，就简单地将它从左针转移至右针即可，始终将记号圈保持在中心针两侧。

披肩图解

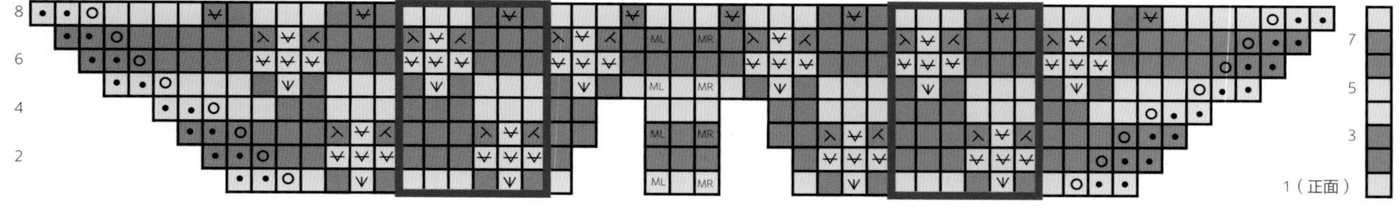

右侧的条柱代表每一行使用的毛线颜色

- A色线
- B色线
- 无针（直接阅读图解下一针）
- 重复部分
- 正面织下针，反面织上针
- 上针
- 空针
- 在同一针里织1下针、1空针、1下针，变为3针，简称“1针放3针”
- 像织上针那样滑1针
- 右上2针并1针
- 左上2针并1针
- 左加针
- 右加针

文字说明

第1行：2上针，1空针，1下针，【在同一针里织1下针、1空针、1下针（以下简称“1针放3针”），3下针】重复至第1个记号圈前2针，1针放3针，1下针，右加针，1下针，左加针，1下针，（1针放3针，3下针）重复至最后余4针，1针放3针，1下针，1空针，2上针——31针。

换成**B**色线。

第2行：2上针，1空针，2上针，（滑3针，3上针）重复至第1个记号圈前5针，滑3针，5上针，（滑3针，3上针）重复至最后余7针，滑3针，2上针，1空针，2上针——33针。

第3行：2上针，1空针，2下针，（左上2针并1针，滑1针，右上2针并1针，1下针）重复至第1个记号圈，右加针，1下针，左加针，1下针，（左上2针并1针，滑1针，右上2针并1针，1下针）重复至最后余3针，1下针，1空针，2上针——29针。

换成**A**色线。

第4行：2上针，1空针，2上针，（滑1针，3上针）重复至最后余5针，滑1针，2上针，1空针，2上针——31针。

第5行：2上针，1空针，（3下针，1针放3针）重复至第1个记号圈前1针，1下针，右加针，1下针，左加针，1下针，（1针放3针，3下针）重复至最后余2针，1空针，2上针——47针。

换成**B**色线。

第6行：2上针，1空针，4上针，（滑3针，3上针）重复至第1个记号圈前5针，滑3针，5上针，（滑3针，3上针）重复至最后余3针，1上针，1空针，2上针——49针。

第7行：2上针，1空针，4下针，（左上2针并1针，滑1针，右上2针并1针，1下针）重复至第1个记号圈，右加针，1下针，左加针，（1下针，左上2针并1针，滑1针，右上2针并1针）重复至最后余6针，4下针，1空针，2上针——41针。

换成**A**色线。

第8行：2上针，1空针，4上针，（滑1针，3上针）重复至最后余3针，1上针，1空针，2上针——43针。

图解说明

关于阅读复杂图解的方法，见“阅读图解”。

第1行（正面）：从右往左读图解，织图解第1行——31针。

第2行（反面）：从左往右读图解，织图解第2行——33针。

以上两行组成图解的织法。

第3-8行：继续织图解，直至全部8行都完成——43针。

文字与图解的补充说明

再重复织**第1-8行**17次——451针。

再织**第1-3行**1次——561针。

边

接下来仅用**B色线**进行编织。

第1行：上针。

第2行：2上针，全下针至第1个记号圈，右加针，1下针，左加针，全下针至最后余2针，2上针——563针。

第3行：下针。

第4-5行：将**第2-3行**重复1次——565针。

用狗牙收针法收针，方法如下：

（起2针，收4针，将最后这针移回左针）重复至最后一针，剪断毛线，从最后一针中拉出抽紧。

收尾

- 定型披肩（见“收尾：定型”）。根据自己的喜好，可以将每一个狗牙用定型针拉伸固定，使尖角更明显。
- 藏线头。

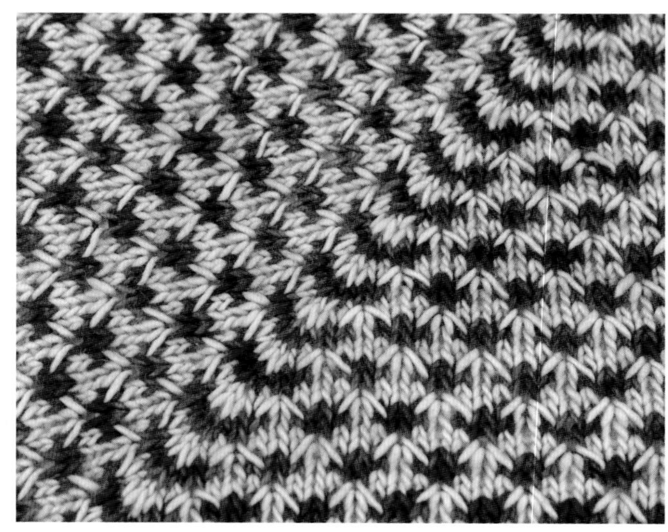

技法指导10：荆棘纹花样

要记住很重要的一点：我们在织滑针的时候，要像织上针那样从右往左插入线圈，再将其转移至右针。否则，如果像织下针那样滑针的话，会使线圈扭转。滑针的方法见“技法指导7：滑针”。如有必要，请再次阅读关于“正、反面”和“前、后面”的内容。

荆棘纹花样每组包含8行4针，总针数还要再加1针。也就是说如果你要织样片以及测量编织密度的话，起针的针数需要为4的倍数加1针（33针是一个比较合适的数字）。织样片的时候，请用**A色线**起针。

织“1针放3针”时，要在同一针里织出1下针、1空针、1下针。织完第1针下针之后，不要将左针第1针放掉，而是直接在右针上绕空针，接着继续在左针第1针里再织1针下针，此时才能将这一针从左针上放掉。1针放3针相当于加了2针。

第1行（正面）：用**A色线**，2下针，【1针放3针（图1），3下针】重复至最后余3针，1针放3针，2下针。

第2行：用**B色线**，2上针，【毛线在前，滑3针（图2），3上针】重复至最后余5针，毛线在前，滑3针，2上针。

第3行：用**B色线**，1下针，【左上2针并1针，毛线在后，滑1针（图3），右上2针并1针，1下针】重复到底。

第4行：用**A色线**，4上针，【（毛线在前，滑1针（图4），3上针）重复至最后一针，1上针。

第5行：用**A色线**，4下针，（1针放3针，3下针）重复至最后一针，1下针。

第6行：用**B色线**，4上针，（毛线在前，滑3针，3上针）重复至最后一针，1下针。

第7行：用**B色线**，3下针，（左上2针并1针，毛线在后，滑1针，右上2针并1针，1下针）重复至最后余2针，2下针。

第8行：用**A色线**，2上针，（毛线在前，滑1针，3上针）重复至最后余3针，毛线在前，滑1针，2上针。

1.

2.

3.

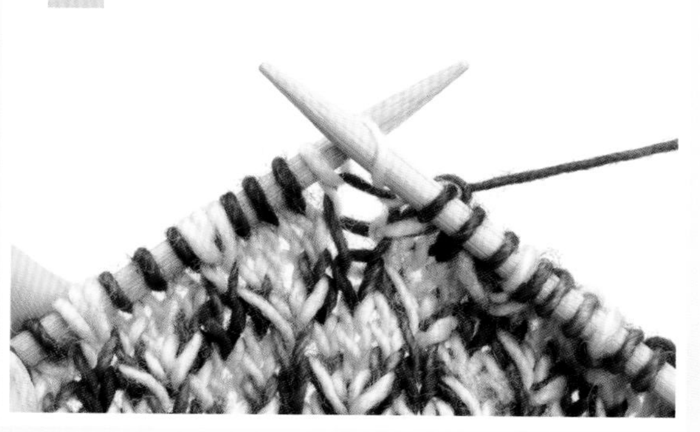

4.

费尔岛提花编织

素色手套

素色手套非常适合作为费尔岛提花（横向渡线提花）的入门作品，它是用两种颜色同时进行编织的提花技法。我选取了三种颜色的毛线，其中深、浅两种灰色作为手套主体色，更为活泼的芥末黄色则用来织边。两种灰色对比强烈，使花纹立体感更为明显。线材方面，我选择的是羊毛，它是提花织物的首选用线。羊毛纤维可以使针脚结合得更加紧密、整齐，其特有的绒毛黏性也可以避免作品背面的渡线过紧。

材料

毛线

Baa Ram Ewe Pip Colourwork（100%羊毛），116m/25g/团

- **A色线：**芥末黄色，1团
- **B色线：**深灰色，1团
- **C色线：**浅灰色，1团

针和工具

- 2.5mm双头棒针5根，或是其他可以达到标准密度的针号
- 2.75mm双头棒针5根，或是其他可以达到标准密度的针号
- 废旧毛线——大约25cm长，与A色线的粗细相仿。最好选择比较光滑的、颜色对比强烈的线，比较显眼且方便拆除
- 记号圈

尺寸

小码（中码，大码）

- **适合手掌周长：**17.5（19，20.5）cm
- **实际手套周长：**20（21.5，23）cm
- **长度：**19cm

所需技法

起针、下针、上针、阅读图解、圈织、提花、后加的拇指、收针

编织密度

2.75mm双头棒针织提花（清洗、定型后）
10cm×10cm=28针×30行

编织说明

开始编织手套之前，请阅读技法指导11-14学习相关内容，包括：加入新色、不同的持线方式、主导色、稳定的密度。

顶边

用2.5mm双头棒针和**A色线**，起56（60，64）针，放记号圈开始圈织，注意避免首尾扭转（见“进阶技法”中的“圈织”部分）。

第1圈：（1下针，1上针）重复到底。

第2-6圈：将**第1圈**重复织5次。

手掌

换成2.75mm双头棒针。加入**B色线**和**C色线**，开始织图解，方法如下：

第1圈：从右往左读图解，织图解**第1行**14（15，16）次。这一圈确定了提花图案的位置。

第2-8圈：继续按图解编织，直到完成8圈。

第9-16圈：将**第1-8圈**重复1次。

第17-20圈：将**第1-4圈**重复1次。

拇指开口——左手套

用废旧毛线织接下来8（9，10）针下针。再将这些针重新移回左针。

用**B色线**和**C色线**继续织图解**第5行**，即上述8（9，10）针也要按图解编织，继续织剩余针数到底。

拇指开口——右手套

织图解**第5行**至最后8（9，10）针。用废旧毛线将这8（9，10）针织成下针。再将这些针移回左针。用**B色线**和**C色线**继续将这8（9，10）针按图解编织。

手掌

第1-3圈：织图解**第6-8行**。

第4-27圈：将图解**第1-8行**重复织3次。

腕口

换成2.5mm双头棒针。加入**A色线**，接下来仅用**A色线**织腕口。

第1圈：下针。

第2圈：（1下针，1上针）重复到底。

第3-9圈：将**第2圈**重复7次。

收针。

拇指

用2.5mm双头棒针和**A色线**，沿拇指处废旧毛线的上、下两端各挑织9针，边挑织边去掉废旧毛线——18针。

将18针均匀移至3或4根双头棒针上，另取一根棒针开始织。注意：挑针完成的时候，这些线圈看起来会比较凌乱（见下图，挑织的针数分别位于两根双头棒针上）。不必担心，一旦开始圈织，情况就会明显改善。

第1圈：9下针，在间隙处挑织1针，再织剩余的9针下针，在另一侧间隙处挑织1针——20针。

第2圈：（1下针，1上针）重复到底。

再重复**第2圈**4次。

松松地收针。

收尾

- 定型（见“收尾：定型”）。
- 藏线头。

手套图解

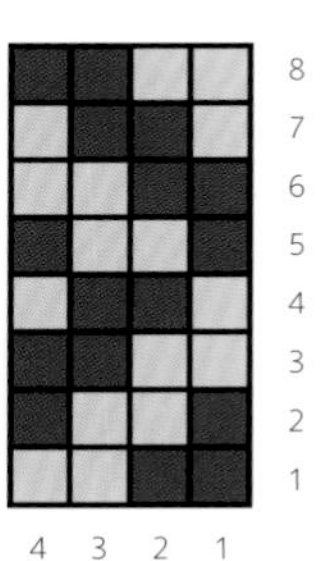

技法指导11：加入新色

编织费尔岛提花作品时，编织说明里经常会有“加入B色线”之类的字眼，如果你和我一样遇事总爱想太多的话，有可能会对这句话感到疑惑。加入一种新线，其实和织条纹时变换颜色是一回事，之所以用“加入”而非“变换”，是因为费尔岛提花需要两种颜色的毛线共同参与编织。

在图解或文字说明中需要织新色的时候加入新线即可，这个时机可能是圈织开始的时候，也可能是在圈织进行中（图1）。

1.

技法指导12：不同的持线方式

费尔岛提花技法要求编织者同时使用两根毛线进行圈织。当编织其中一根毛线的时候，另一根毛线则在织物反面顺着编织方向往前带，两根毛线交替编织形成图案。费尔岛提花有不同的编织方式。其中有一些是手指固定持线，用针尖挑起线进行编织；而另一些则棒针不动，用手指带动毛线进行编织。

熟练地运用两根毛线编织费尔岛提花不是一件简单的事情，它需要经验以及练习。编织者惯用的编织手法影响其持线的方式。就我个人而言，我更习惯用右手同时持两根毛线。事实上，每种方式都有其自身的特点，不能用绝对的“好”或者“不好”来评价，只要是适合自己的方法就是好方法。当然，成品的编织效果也是重要的考量标准之一。尽管如此，还是有很多编织爱好者愿意进行多种尝试，试图找出最适合自己的技法。目前来说，用左、右手分别持一根毛线是最流行的方式。以下是四种不同的带线方式，供读者参考。

右手带两根毛线

左手带两根毛线

左、右两手各带一根毛线

用其中一只手的两根手指各带一根毛线

技法指导13：主导色

编织者手持两种毛线时，应该保持两种线的相对位置固定，这样不但能避免毛线缠绕，也可以保持主导色始终固定。主导色指的是在提花编织中占主导的那个颜色。我们在编织过程中由于习惯不同，使得两种毛线的位置有上、下之分，因此织物背面的渡线同样也有上、下之分。持线时位于下方的那色毛线为主导色，而处于上方的另一色织出来的针圈会比前者“暗淡”一些。

位于上方的颜色会暗淡一些（图1）。

位于下方的颜色明显一些（图2）。

许多提花图案有明确的图案和背景。在这种情况下，可以尝试用不同颜色的线做主导色。或者，不考虑哪个颜色为主导色，始终保持两个颜色在上或下的位置。

技法指导14：稳定的密度

有一种方法可以使提花织物的编织密度保持稳定，那就是将织物翻到反面进行编织。它可以避免编织者将渡线扯得过紧，而后者正是编织密度不稳定的“元凶”。编织密度不稳定会影响最终的成品尺寸。

按照常规的起针和编织方法开始。织到提花的部分时，简单地将织物的反面翻到外面即可。我们现在编织的是织物的后面，而非前面。织物的正面可以通过里侧进行观察。

我发现这一方法相当有效。我在编织提花和单色平针交替的作品时经常使用它，可以使我的作品编织密度始终保持稳定。

多彩帽

这顶提花帽子色彩鲜明、错落有致，正是我喜欢的类型。提花的技法贯穿始终，包括看似复杂的帽顶减针部分。听起来很复杂对不对？但实际上它并没有想象中那么难，只需要圈织时在固定的地方减针即可，多次减针自然形成纹理效果。我选用了五种颜色来设计这个帽子，但你也可以少选一些，以自己的喜好为准。我用中性色来织帽边部分。提花部分有两组对比色，相同点在于它们都是以素净的颜色作为背景、以鲜艳的颜色作为主体。

材料

毛线

Jamieson's Shetland Spindrift 4ply（100%羊毛），105m/25g/团

- **A色线：**灰色，色号320，1团
- **B色线：**绿色，色号787，1团
- **C色线：**杏色，色号435，1团
- **D色线：**乳白色，色号179，1团
- **E色线：**红色，色号526，1团

针和工具

- 3.5mm双头棒针5根，或是40cm长的环形针，或是其他可以达到标准密度的针号
- 记号圈

尺寸

均码：适合大多数成人的头部

- **适合头围：**56-60cm
- **实际帽子周长：**50cm

所需技法

起针、下针、上针、减针、圈织、阅读图解、提花、收针

编织密度

3.5mm针织提花（清洗、定型后）

10cm×10cm=24针×24行

编织说明

开始编织帽子之前，请阅读提花减针的技法指导（见“技法指导15：提花的减针”）。

帽边

用**A色线**，起120针，放记号圈开始圈织，注意避免首尾扭转（见“进阶技法”中的“圈织”部分）。

第1圈：（2下针，2上针）重复到底。

第2-11圈：将**第1圈**重复10次。

主体部分

加入**B色线**和**C色线**。

第1圈：从右往左读图解A，将**第1行**的8针重复织15次。这一圈确定了提花图案的位置。

第2-29圈：根据图解要求加入**D色线**和**E色线**，继续织图解A，直到完成全部29圈。

帽顶

接下来仅用**D色线**和**E色线**进行编织。

第1圈：从右往左读图解B，将**第1行**的24针重复织5次。这一圈确定了提花图案的位置。

第2-23圈：继续织图解B，直到完成全部23圈，按照图解进行减针，每圈减去10针——完成全部减针之后剩余10针。

剪断毛线，将尾线依次穿入剩余线圈中，抽紧打结。

收尾

- 定型（见“收尾：定型”），平铺晾干。
- 藏线头。

帽子图解A

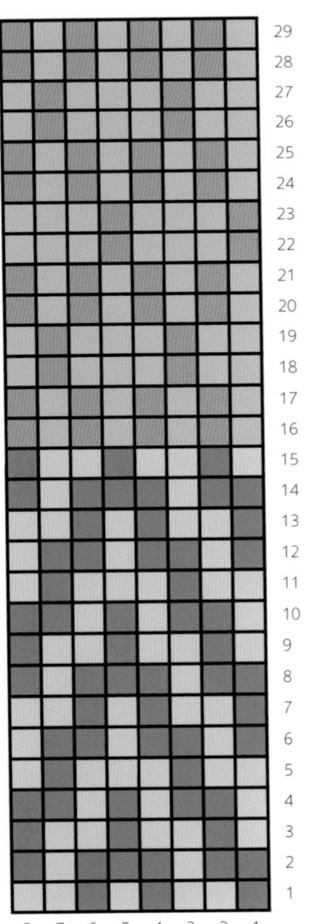

B色线

C色线

D色线

E色线

下针

中上3针并1针

帽子图解B

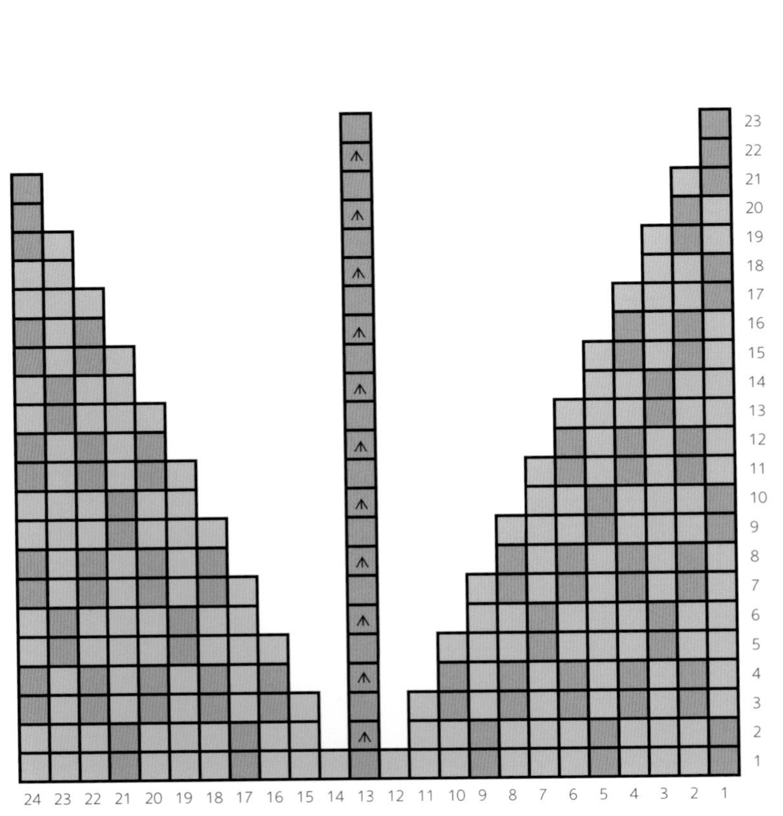

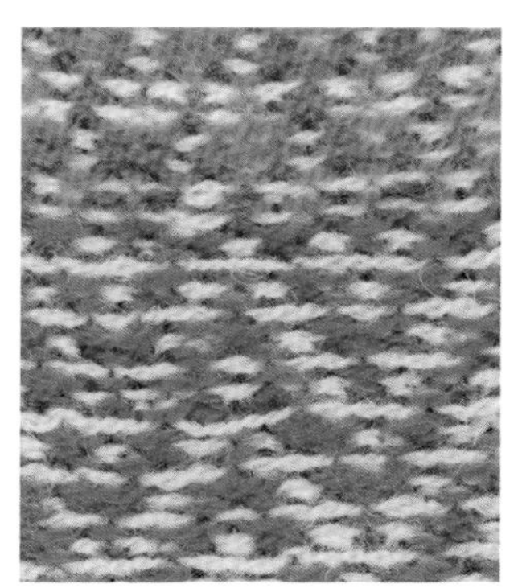
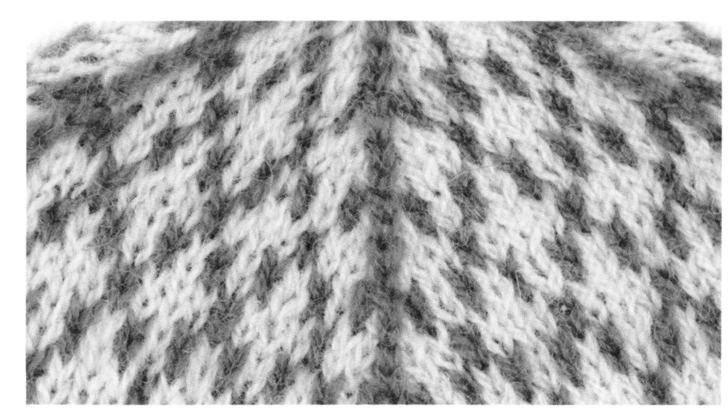

技法指导15：提花的减针

多彩帽的主体部分与帽顶均采用费尔岛提花的技法进行编织。这就意味你需要将减针融入提花编织中。提花减针的方法很多，不同的方法会对图案产生不同的影响，请尽量选择那些对提花图案“破坏”较不明显的方法。

在提花编织中，中上3针并1针是一种较为理想的减针方法。

提花中的中上3针并1针与常规单色的中上3针并1针织法相同。它使得单色线条往上延伸，从而使减针的部分形成直线。

1. 按图解编织至遇到中上3针并1针的部分。
2. 将右针从左往右一次性插入左针上的前2针，好像要织左上2针并1针那样（图1），将这2针滑至右针上。
3. 按图解所示的颜色，将下一针织成下针（图2）。
4. 将第2步中的2针滑针盖过第3步中的下针（图3）。

新并掉的那针使用了正确的颜色，前一行的多色组合看起来也相当整齐。

继续按照图解所示的颜色编织。

1.

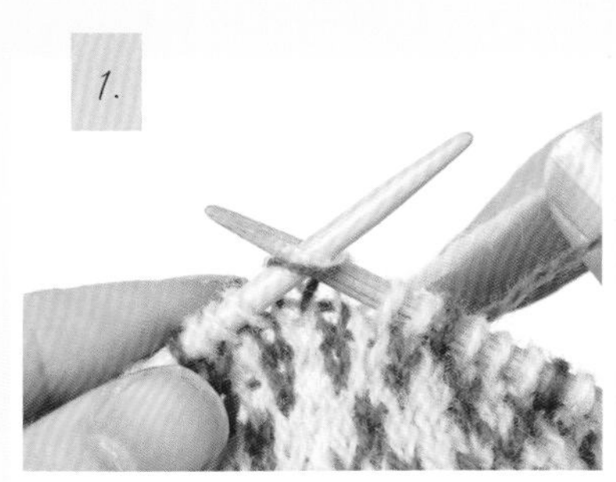

2.

3.

双色粗线帽

双色粗线帽是一件很有意思也非常简单的作品。用粗毛线织出来的提花帽子既厚实又舒服。提花仅出现在帽子的主体部分，减针则位于用单色编织的帽顶部分。和大多数提花作品相同，两种对比强烈的颜色使图案效果更突出。我选择了中性色和浓郁的宝石色系进行搭配，佩戴效果极佳。

材料

毛线

Cascade 128 Superwash（100%美丽诺），117m/100g/绞

样品1：

- **A色线：**深紫色，色号1965，1绞
- **B色线：**浅灰色，色号875，1绞

样品2：

- **A色线：**蓝色，色号856，1绞
- **B色线：**银色，色号1946，1绞

样品3：

- **A色线：**银色，色号1946，1绞
- **B色线：**蓝色，色号856，1绞

针和工具

- 5mm双头棒针5根，或是40cm长的环形针，或是其他可以达到标准密度的针号

尺寸

儿童（成人，大号成人）

- **适合头围：**49（56，61）cm
- **实际帽子周长：**48（53，58）cm

所需技法

起针、下针、上针、减针、圈织、阅读图解

编织密度

5mm针织提花（清洗、定型后）
10cm×10cm=15针×18行

编织说明

开始编织帽子之前，请阅读提花带线的技法指导（见“技法指导16：压线”）。图解以样品1的颜色为例进行绘制。

帽边

用**A色线**，起72（80，88）针，放记号圈开始圈织，注意避免首尾扭转（见“进阶技法”中的“圈织”部分）。

第1圈：（1下针，1上针）重复到底。

将**第1圈**重复织2（3，4）次。

主体部分

加入**B色线**。

第1圈：下针。

第2圈：从右往左读图解，将第1行重复织9（10，11）次。这一圈确定了提花图案的位置。

第3-19圈：继续织图解，直到完成全部19圈。

接下来仅用**B色线**进行编织。

第20圈：下针。

将**第20圈**重复织1（3，4）次。

帽顶

第1圈：（6下，左上2针并1针）重复到底——63（70，77）针。

第2圈：下针。

第3圈：（5下，左上2针并1针）重复到底——54（60，66）针。

第4圈：下针。

第5圈：（4下，左上2针并1针）重复到底——45（50，55）针。

第6圈：下针。

第7圈：（3下，左上2针并1针）重复到底——36（40，44）针。

第8圈：下针。

第9圈：（2下，左上2针并1针）重复到底——27（30，33）针。

第10圈：下针。

第11圈：（1下，左上2针并1针）重复到底——18（20，22）针。

第12圈：下针。

第13圈：（左上2针并1针）重复到底——9（10，11）针。

剪断毛线，将尾线依次穿入剩余针数，抽紧打结。

收尾

- 定型（见“收尾：定型”），平铺晾干。
- 藏线头。
- 用**A色线**，制作一个绒球，缝在帽顶中心（见“收尾：制作绒球”）。

帽子图解

 A色线

 B色线

□ 下针

技法指导16：压线

编织费尔岛提花时，由于需要用到两色毛线交替进行编织，因此暂时用不到的那色毛线会覆于织物背面。大部分的提花图案每隔几针就会交换一次颜色，如果间隔的针数比较少，那么背面的渡线也会相应较短。但假如间隔超过5针，那么渡线就显得过长，不仅不美观，还会影响穿着的舒适度。为了解决这个问题，我们需要采用“压线”的方法使渡线的中间被固定住，隔几针固定一次，既整齐又美观。

完美的压线操作可以使成品表面平整、密度稳定。步骤图片展示的是样品3的配色。本款帽子最佳的压线位置在**第1行**和**第18行**、用主色线织3针之后。

请注意：被压的毛线必须位于正在编织的毛线下方（图1）。

1. 准备压线时，将右针插入要织的线圈中，但是先不要在针头上绕线（图2）。

2. 将右针移至被压的毛线下方（毛线在针头上方）（图3）。

3. 将要织的那色毛线按照常规织下针的方式在右针上绕线（图4）。

4. 按照常规方式完成这针下针，压线完成（图5）。

剪开的杯套

绝大多数编织者都偏爱圈织提花，但是有些作品要求织物是片状而非筒状的，比如开衫等。这时候剪提花这一技法就派上用场了！用剪刀剪开提花，这听起来有点不可思议，所以正好可以用这个剪开的杯套作品练练手。它既小巧又简单，即使织错了还可以迅速重新织一个新的（我向你保证，这种情况几乎不会发生）。菱形提花的图案适用于大部分配色。我选择了绒感较强的粗花呢毛线和大颗贝壳纽扣，成品质感柔和、自然。

材料

毛线

Rowan Felted Tweed DK（50%美丽诺，25%羊驼毛，25%黏胶），175m/50g/团

- **A色线：**蓝色，色号152，1团
- **B色线：**紫色，色号181，1团
- **C色线：**绿色，色号161，1团

针和工具

- 3.25mm双头棒针5根，或是其他可以达到标准密度的针号
- 废旧毛线——大约120cm长，与A色线的粗细相仿。最好选择比较牢固的线，比如袜子线
- 1颗纽扣
- 3.25mm钩针

尺寸

均码：适合大多数马克杯

- **宽度：**26cm
- **高度：**7cm

所需技法

起针、下针、上针、阅读图解、圈织、提花、钩辫子针、收针

编织密度

3.25mm针织提花（清洗、定型后）
10cm × 10cm=28针 × 28行

编织说明

用**A色线**起62针，放记号圈开始圈织，注意避免首尾扭转（见“进阶技法”中的“圈织”部分）。

第1圈：（1下针，1上针）重复至最后余6针，6下针。

第2圈：同**第1圈**。

第3圈：从右往左读图解，将图解**第1行**重复部分织7次，再织最后6针。

第4-17圈：继续织图解至完成第17圈。

接下来仅用**A色线**进行编织。

第18圈：下针。

第19圈：同**第1圈**。

收针。

沿提花剪开针的中心针（图解第12列）加固并剪开提花（见“技法指导17：剪开提花”）。

边

两条边的织法相同。

沿剪开针与提花部分的中间挑织17针。即沿提花图解中第9、第10列之间挑织17针作为第1条边，沿第14、第1列之间挑织17针作为第2条边。继续织罗纹：

第1行：（1下针，1上针）重复到底。

第2行：（1上针，1下针）重复到底。

用罗纹收针法收针。

纽扣环

用钩针钩一条6cm长的辫子。

作为替代，你也可以织绳索边或者用其他喜欢的方式来编织纽扣环。

片织杯套

如果你不想剪开提花，而又不介意片织提花的话，可以选择用一副3.25mm的直棒针，参照“技法指导18：片织提花”，片织同款杯套，方法如下：

第1行：（1下针，1上针）重复到底，翻面。

第2行：（1上针，1下针）重复到底，翻面。

第3行：提花图解的单数行从右往左读，将第1行重复部分织8次，再织第9针。

第4行：提花图解的双数行从左往右读，忽略第10-14针，先织第2行第9针，再将重复部分织8次。

第5-16行：继续织图解，直至完成16行。

第17行：（1下针，1上针）重复到底，翻面。

第18行：（1上针，1下针）重复到底，翻面。

用罗纹收针法收针，用上文或者自己喜欢的方法制作纽扣环。

杯套图解

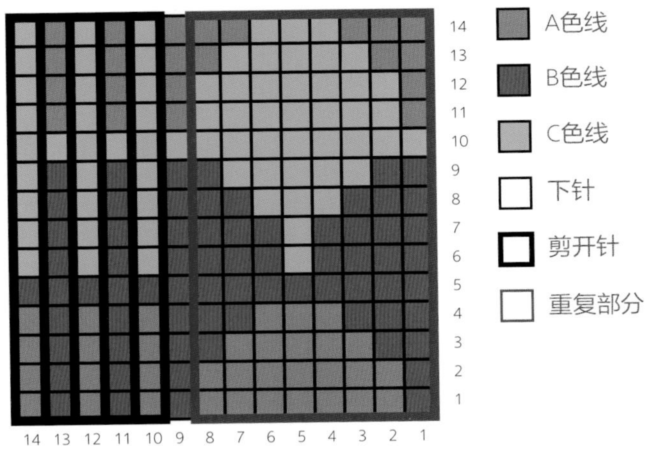

收尾

- 定型（见“收尾：定型”），平铺晾干。
- 藏线头。
- 将纽扣环缝至其中一边，并在对侧的另一边缝上纽扣。

技法指导17：剪开提花

剪开提花是一种将圈织的提花织物剪开成片状的技法。圈织提花的时候要多织几针作为剪开针，提花就是从这里剪开的。

剪开针通常织成纵向提花条纹，可以使织物更加牢固，剪开的时候也不容易散开。圈织提花完成之后，还要先将剪开部分进行加固，所以剪开的过程真的不像想象中那么可怕！

加固剪开部分

首先，我们选用钩针和牢固的毛线来加固剪开部分的两侧。除了钩针之外，还可以选择手工缝合或者机器缝合的方法。接下来再加固中心针的两侧，中心针也就是需要剪开的那一针。

1. 找到剪开部分，尤其要关注中心针（图1）。
2. 用准备好的牢固毛线在钩针上打结（图2）。
3. 将钩针插入中心针旁边那针中（图3）。
4. 用钩针拉出毛线（此时针头上有两个线圈）（图4）。将靠近钩针针头的那个线圈从另一个线圈中拉出，此时钩针上留有一个线圈。

1.

2.

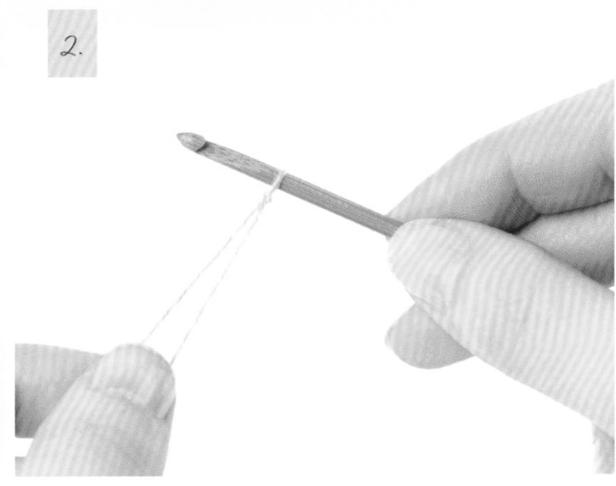

3.

4.

5. 将钩针插入中心针旁边那针的半个针圈，再插入中心针与其贴靠的半个针圈中（图5）。

6. 用钩针拉出毛线（图6）。再将这个线圈像步骤4那样从另一个线圈中拉出，使钩针上仅留一个线圈。

7. 继续重复步骤5-6，沿中心针的这一侧加固（图7）。加固完这一侧之后，将钩针插入中心针旁边那针中间，拉出毛线打结。

8. 将织物翻转，接下来沿中心针的另一侧反方向加固（图8）。

剪开提花

用一把锋利的剪刀，沿着两条加固辫子针的中间，仔细地将中心针剪开（图9）。

5.

6.

7.

8.

9.

收尾

1. 用A色线，沿剪开部分与主体提花之间挑织（图1）。
2. 按照编织说明进行编织（图2）。
3. 为了使边缘更整齐，可以将加固的部分缝合至织物的反面（图3）。

技法指导18：片织提花

大部分编织者对片织费尔岛提花避之不及，当然也有乐在其中的编织者。

片织的正面行织法与圈织相同。织反面行的时候，将织片翻转，在反面按照配色图解织上针即可，此时渡线位于反面。确保每一行都以正确的方向阅读图解，并且两条毛线压线的上下位置始终保持一致（见“技法指导13：主导色”）。

色块提花编织

流苏彩旗

这组可爱的彩旗是消灭零线的理想选择。色块提花（纵向渡线编织）的技法给彩旗“镶边”，长长的流苏也是点睛之笔，这是一款非常适合用来欢庆节日的作品！我选择了一系列的颜色：鲜艳的、沉静的、浅的、深的……我从色轮上精心挑选颜色，再将它们混搭成生动有趣的派对彩旗！当然，你也可以选取一些相对较“矜持”的颜色，成品的效果优雅大方，别有一番风味。

材料

毛线

Coop Knits Socks Yeah! DK（75%美丽诺，25%锦纶），211m/50g/绞

- **A色线：**黄色，色号209，1绞
- **B色线：**草绿色，色号212，1绞
- **C色线：**藏青色，色号206，1绞
- **D色线：**浅蓝色，色号205，1绞
- **E色线：**红色，色号214，1绞
- **F色线：**米咖色，色号215，1绞
- **G色线：**深棕色，色号203，1绞

针和工具

- 3.75mm直棒针一副，或是其他可以达到标准密度的针号
- 一条丝带或者毛线，用于串起彩旗

尺寸

均码：每面旗子宽15cm，高13cm，不含流苏

所需技法

起针、下针、上针、减针、收针

编织密度

3.75mm针织平针（清洗、定型后）
10cm×10cm=23针×32行

编织说明

每一面彩旗都是由两种颜色的毛线织成，用**A色线**和**B色线**指代，可以任意选取颜色作为A和B。改变A和B的颜色，编织更多不同组合的彩旗。在开始编织彩旗之前，请先阅读色块提花的技法指导（见“技法指导19：色块提花”）。

用**A色线**，起35针。

第1行（正面）：下针。

第2行（反面）：下针。

第3行：1下针，（左上2针并1针，1空针）重复至最后2针，2下针。

第4-7行：下针。

加入**B色线**。

第8行：用**A色线**织3下针，用**B色线**织下针至最后余3针，用**A色线**织3下针。

第9行：用**A色线**织3下针，用**B色线**织上针至最后余3针，用**A色线**织3下针。

第10行：用**A色线**织3下针，用**B色线**织右上2针并1针，再继续织下针至最后余5针，左上2针并1针，用**A色线**织3下针——33针。

第11-34行：将**第9-10行**重复织12次——9针。

第35行：同**第9行**。

接下来仅用**A色线**进行编织。

第36行：3下针，中上3针并1针，3下针——7针。

第37行：下针。

第38行：2下针，中上3针并1针，2下针——5针。

第39行：1下针，中上3针并1针，1下针——3针。

第40行：中上3针并1针。

剪断毛线，将尾线依次穿过剩余线圈，抽紧打结。

收尾

- 定型（见“收尾：定型”），平铺晾干。
- 藏线头。
- 用**B色线**制作流苏，缝在彩旗底部（见“收尾：制作流苏”）。

技法指导19：色块提花

色块提花（纵向渡线编织）也是运用多种颜色进行编织的技法之一，它的特点是在不同颜色毛线的交界处采用交叉扭转的方式换色。

有一些色块提花作品需要用到的颜色很多，但每种颜色的用量都不大。你可以将它们分别缠绕在线轴上，或者缠绕成小线团。编织流苏彩旗时仅仅需要将A色线绕成两个小线团，分别编织两端即可。

1. 准备换颜色的时候，用新色的毛线织第1针（图1）。继续用新色往下织，直至需要换成另一种颜色为止（图2）。用同样的方法加入另一色的毛线进行编织（图3）。

2. 织完一整行。

3. 将织物翻面，开始织反面，织至两色交界处。在提起要织的那色毛线之前，须将其与另一色毛线在反面交叉扭转一次（图4）。

4. 继续按照这样的方法织完一整行，每次换线的时候都要将两色毛线交叉扭转一次。

5. 继续按照这样的方法织提花，每次换线的时候都要将两色毛线交叉扭转一次。在编织的过程中，需要时不时将各色线团理顺，避免缠绕（图5）。

6. 藏线头的时候，用尾线将有可能产生的小孔洞通过缝合等方式隐藏起来。

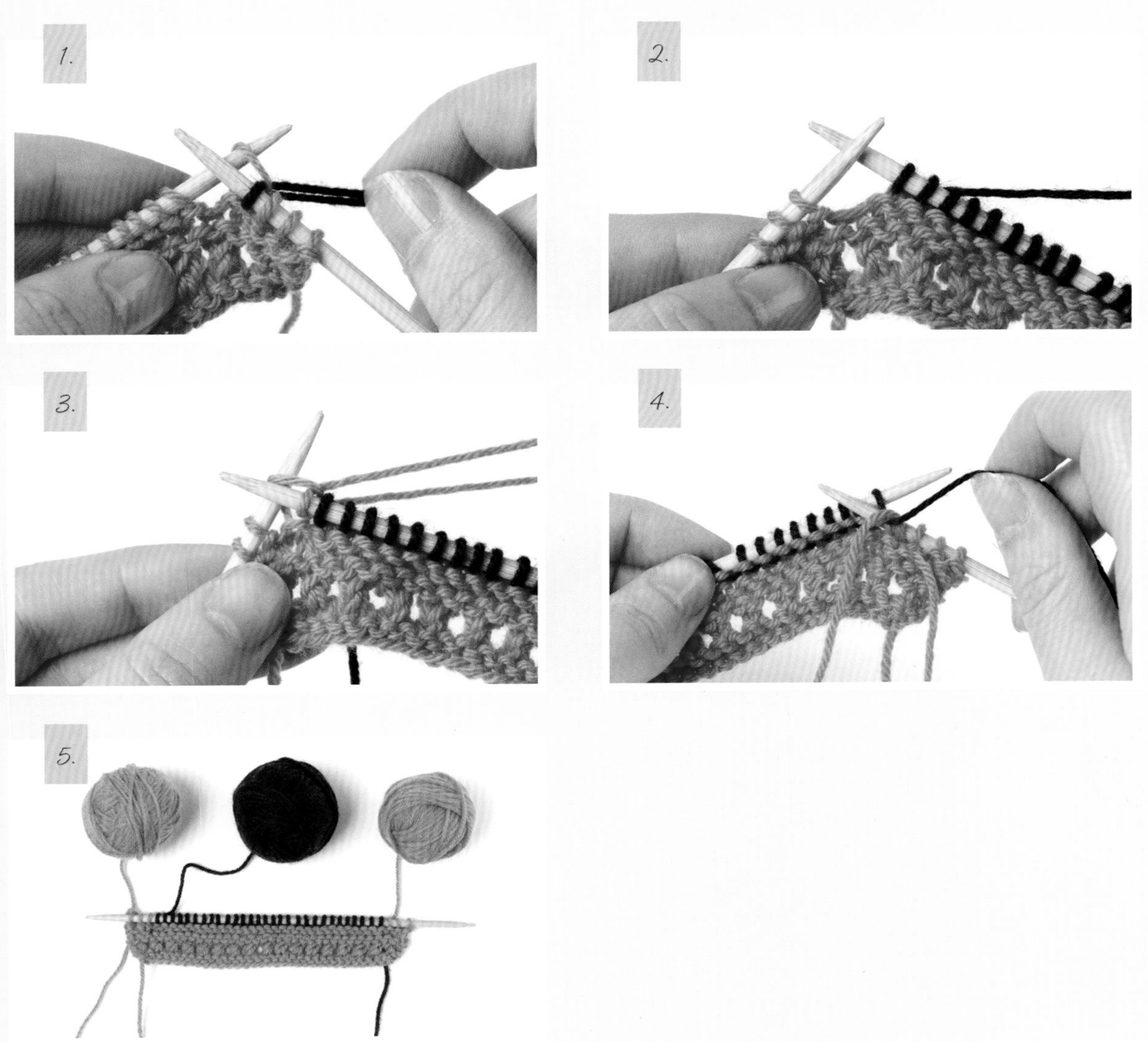

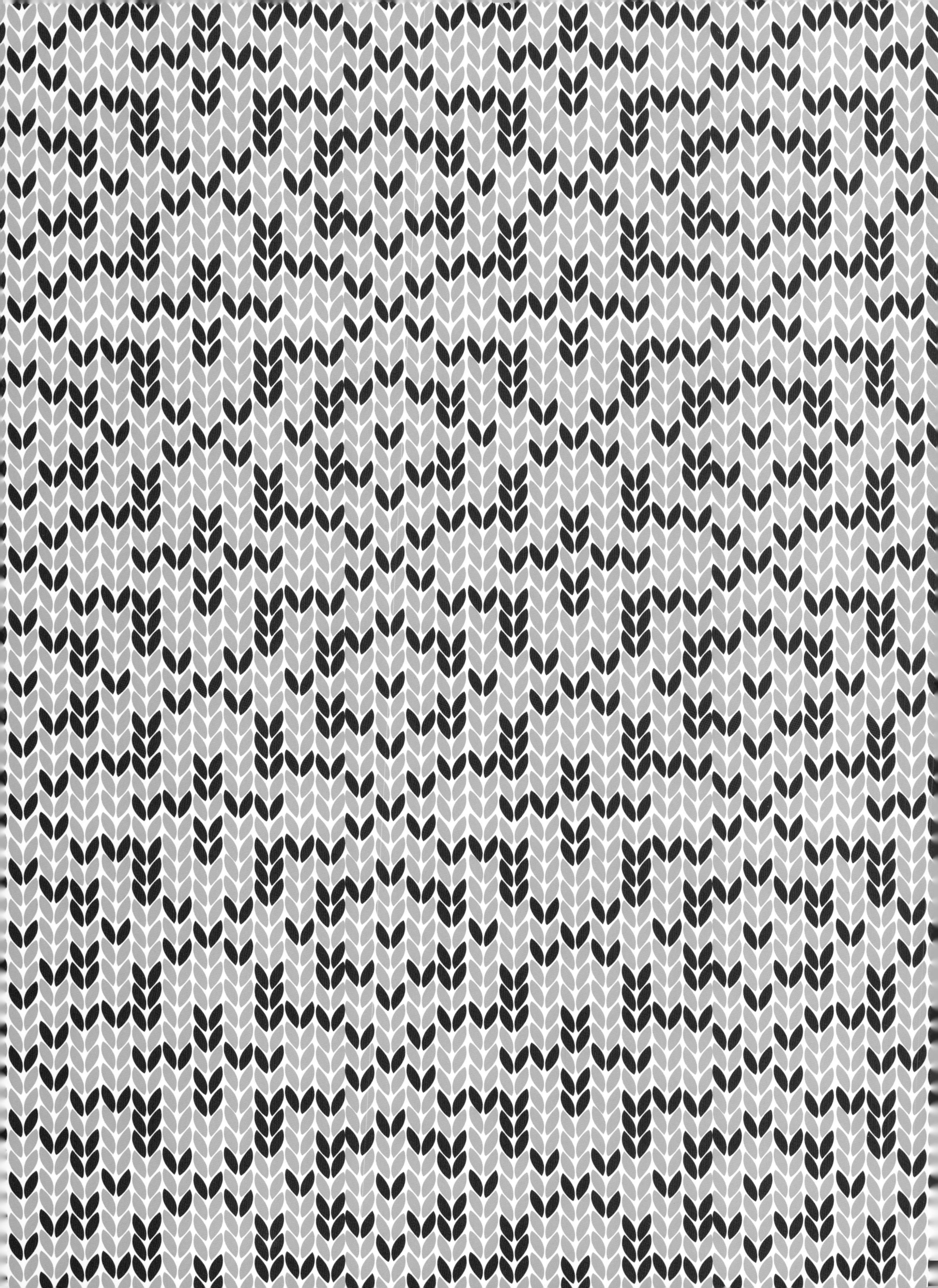

双面提花编织

双面围脖

双面提花织物比较厚实、保暖，因此非常适合用于编织围脖。双色提花技法是将上下两层同时编织，而毛线在编织过程中不停地前、后移动。这款围脖的图案设计精致、大方，适用人群相当广泛。和其他配色编织图案相同的是，双面提花最好选择两种对比强烈的颜色，使花样更加凸显，用近似的颜色来编织双面提花会使图案模糊难辨。

材料

毛线

Vivacious DK（100%美丽诺），230m/100g/绞

- **A色线：** 棕色，色号802，1绞
- **B色线：** 绿色，色号826，1绞

针和工具

- 4mm直棒针一副，或是其他可以达到标准密度的针号
- 10（16）个记号圈（可省略）

尺寸

两种尺寸可供选择：

尺寸1： 周长较短、宽度较宽

尺寸2： 周长较长、宽度较窄，可以绕一圈佩戴

- **周长：** 60（96）cm
- **宽度：** 20（16）cm

所需技法

起针、下针、上针、圈织、加针、减针、阅读图解、收针

编织密度

4mm针织提花（清洗、定型后）

10cm × 10cm=20针 × 25行

编织说明

用**A色线**，起120（192）针，放记号圈开始圈织，注意避免首尾扭转（见“进阶技法”中的“圈织”部分）。开始编织之前，请阅读双面提花的技法指导（见“技法指导20：双面提花”）。

边

第1圈：下针。

第2圈：［1针放2针（同一针里织1下针和1扭针）］重复到底——240（384）针。

主体部分

加入**B色线**。

第1圈：从右往左阅读图解，将**第1行**12针重复织10（16）次。注意：每一个方格代表两针。如有必要，可以每织完两面的24针放一个记号圈，使每组花样的边界更明显，不易出错。

第2-12圈：继续织图解，直至完成12圈。

将**第1-12圈**重复织2次。

第1个尺寸再织**第1-12圈**1次。

两个尺寸均再织图解**第1行**1次。

边

接下来仅用**A色线**进行编织。

第1圈：（1下针，1上针）重复到底。

松松地收针，方法如下：

右上2针并1针，（右上2针并1针，将第1针盖过第2针）重复到底。

收尾

- 定型（见“收尾：定型”），平铺晾干。
- 藏线头。

围脖图解

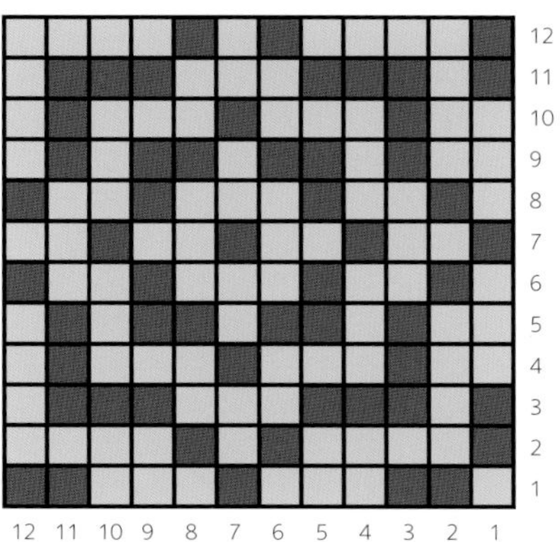

请记住：每一个方格代表两针。

□ 将A、B两色毛线放在织物后面，用B色线织1下针，再将两色毛线移至织物前面，用A色线织1上针。

■ 将A、B两色毛线放在织物后面，用A色线织1下针，再将两色毛线移至织物前面，用B色线织1上针。

技法指导20：双面提花

双面提花是一种同时编织两层织物、且两面均可以作为正面使用的提花技法。

编织双面提花时，针数会变成平时的两倍，厚度也加倍，但是成品的尺寸大小不变。其中一半的针数用来编织一面，另一半针数则用来编织另一面。

编织本款双面围脖时，每当用**A色线**编织一针，必然要用**B色线**再编织一针，反之亦然。上针隔一针织一次，因此你必须确保编织每一针时两种毛线都位于正确的位置。下面的文字将会对围脖图解开头几针的织法做出具体的指导说明。

提花图解中第 1 个方格

1. 将两色毛线均放在织物后面，用**B色线**织1下针（图1）。
2. 将两色毛线移至织物前面（图2）。
3. 用**A色线**织1上针（图3）。

提花图解中第 2 个方格

1. 将两色毛线均放在织物后面（图4）。
2. 用**A色线**织1下针（图5）。
3. 将两色毛线移至织物前面。
4. 用**B色线**织1上针（图6）。
5. 继续按照这样的方法，每个方格都用两色毛线各织1针。

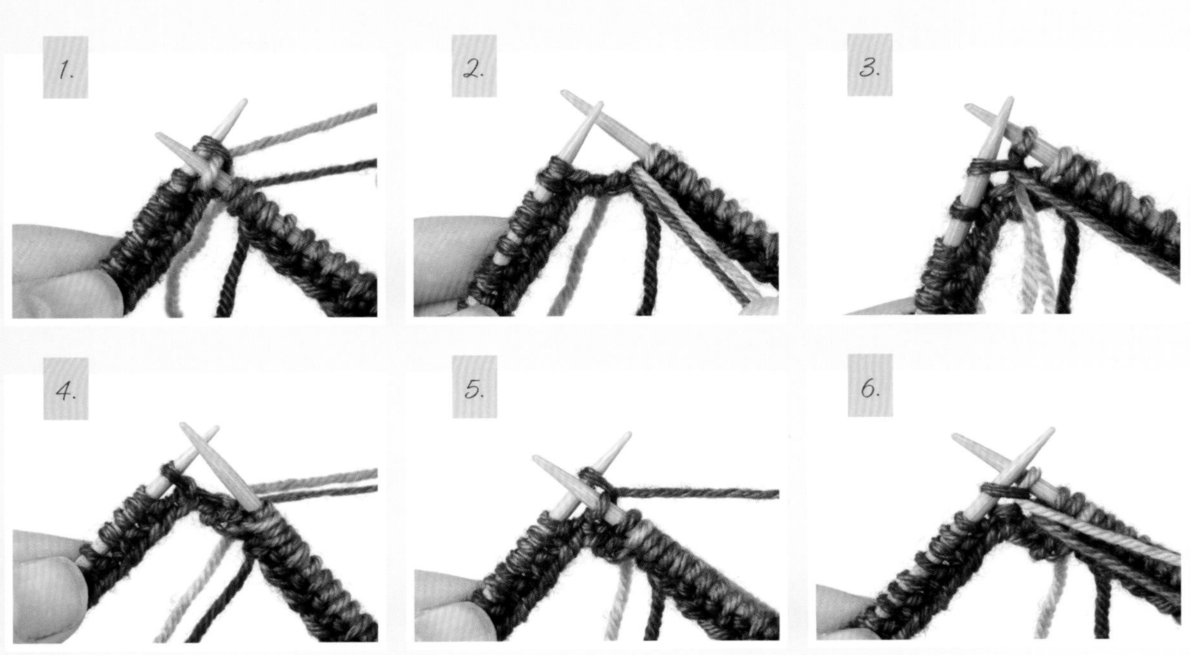

几何组合编织

几何方块毯

此款盖毯主体部分是由九个几何方块组合、缝制而成的，再沿外缘挑针织搓板针边。每个正方形由一个小正方形和四个长方形组成，长方形是在正方形外缘挑针织成的。不同的配色凸显了几何结构，因此我们可以大胆尝试各种配色，这也是设计此类几何毯子的乐趣之一。手染线的颜色和质感最适合用来织此类作品，我选取了淡彩的色系，它们既柔和又不失活泼，成品效果让人满意。

材料

毛线

Cascade 220 Heather Worsted（100%羊毛），201m/100g/绞

- **A色线：**天蓝色，色号9452，1绞
- **B色线：**米色，色号9460，1绞
- **C线色：**粉红色，色号2449，1绞
- **D色线：**紫色，色号9641，1绞
- **E色线：**浅绿色，色号8011，1绞
- **F色线：**深灰色，色号9491，1绞

针和工具

- 5mm直棒针一副，或是其他可以达到标准密度的针号
- 较长的5mm环形针，用于织边

尺寸

均码：84cm × 84cm

所需技法

起针、下针、挑针、收针

编织密度

5mm针织搓板针（清洗、定型后）
10cm × 10cm=15针 × 30行

编织说明

一共需要织9个组合方块，在开始编织之前，请先阅读几何方块的编织技法（见“技法指导21：几何方块”）。如有必要，可以参考以下配色方案图。

中心方块

用**A色线**，起20针。

第1-40行：下针。

收针至最后一针，不要打结，将这最后的针圈保留在棒针上——1针。

将织物顺时针方向旋转。

第1个直条

换成**B色线**。

将中心方块剩余那针织下针，再沿中心方块的侧边挑织19针——20针。

第1-19行：下针。

收针至最后一针，不要打结，将这最后的针圈保留在棒针上——1针。

将织物顺时针方向旋转。

第2个直条

换成**C色线**。

将第1个直条剩余那针织下针，再沿第1个直条的侧边挑织9针，最后沿中心方块挑织20针——30针。

第1-19行：下针。

收针至最后一针，不要打结，将这最后的针圈保留在棒针上——1针。

将织物顺时针方向旋转。

第3个直条

换成**D色线**。

按照第2个直条的方法编织第3个直条。

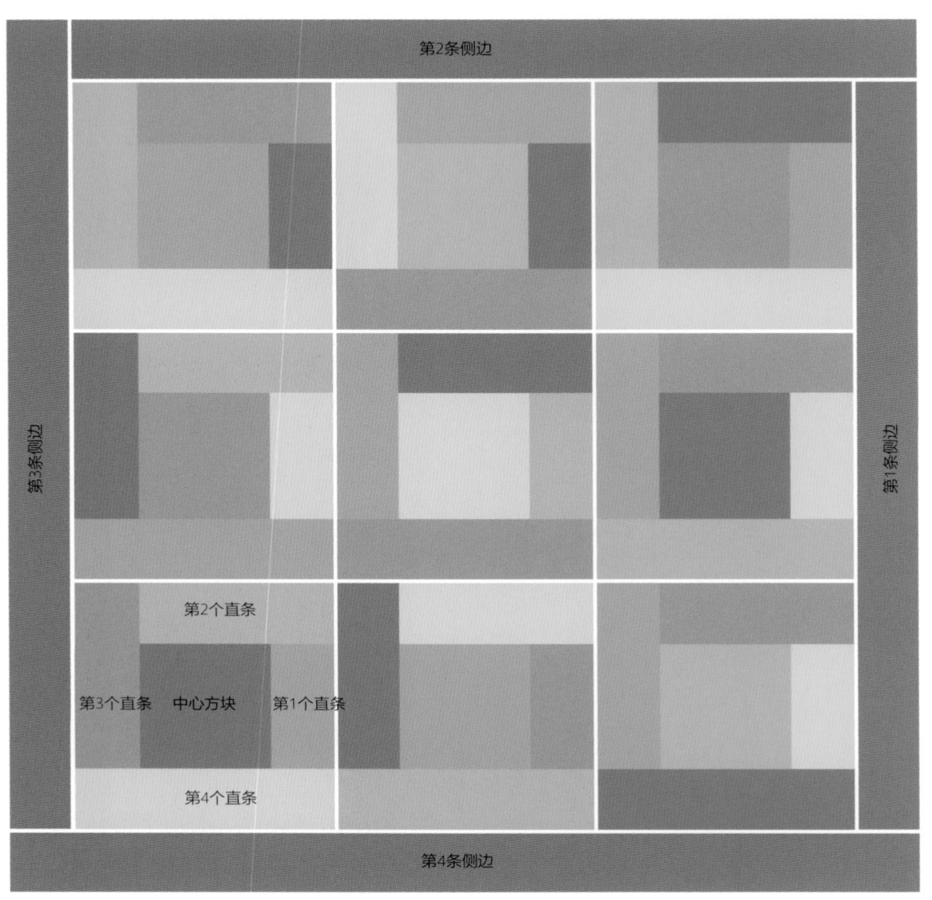

第 4 个直条

换成**E色线**。

将第3个直条剩余那针织下针，沿第3个直条的侧边挑织9针，再沿中心方块挑织20针，最后沿第1个直条的侧边挑织10针——40针。

第1-19行：下针。

收针。

几何方块

用同样的方法编织其余8个几何方块，改变相应的配色顺序。颜色搭配可以参考成品照片以及配色方案图。

将全部的9个几何方块按照片或配色方案图的顺序排列整齐，用无缝缝合法组合起来（见“进阶技法”中的“无缝缝合法”部分）。

边

边的编织方法与组合方块中长方形直条原理相同。原则就是先沿毯子的边缘挑针编织侧边，每当完成一个侧边，下一个侧边挑针的时候也要将其考虑在内。

注意：每一条边收针之后剩余的那一针同时也是下一条边开始的那一针。

可以沿毯子的任意一边开始挑针，编织第一条边。当然，也可以按照照片和配色方案图的顺序进行挑针和编织。

每一部分的挑针针数如下：每个直条的短边挑织10针，第1个直条的长边挑织20针，第2、第3个直条的长边挑织30针，第4个直条的长边挑织40针。因此每个几何方块每条边的挑针总数为40针。此外，每织完一条边，编织下一条边的时候要在其侧边多挑织5针。

第 1 条边

用**F色线**，沿毯子其中一条直边挑织120针。

第1-9行：下针。

收针至最后一针，不要打结，将这最后的针圈保留在棒针上——1针。

将织物顺时针方向旋转。

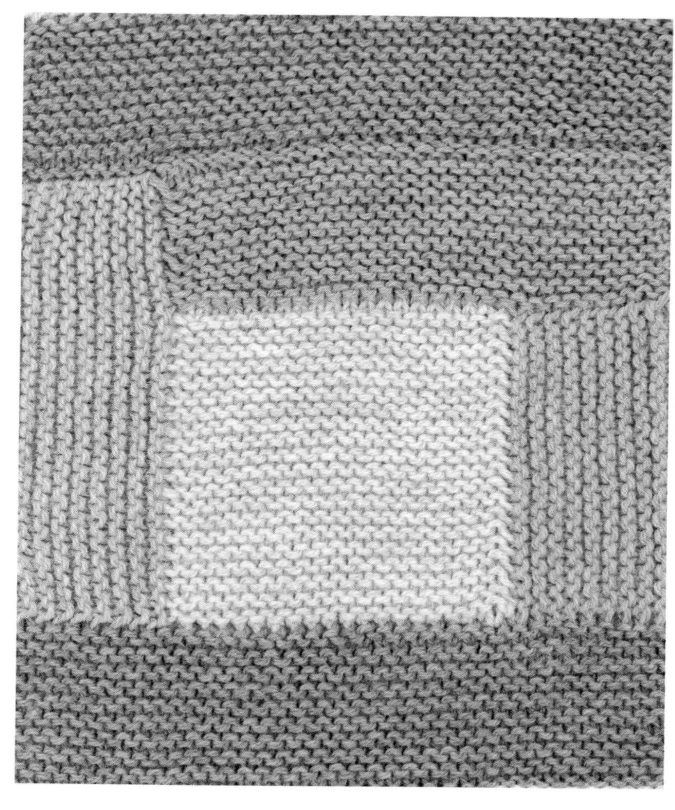

第 2 条边

将第1条边剩余那针织下针，再沿第1条边的侧边挑织4针，最后沿毯子直边挑织120针——125针。

第1-19行：下针。

收针至最后一针，不要打结，将这最后的针圈保留在棒针上——1针。

将织物顺时针方向旋转。

第 3 条边

按照第2条边的方法编织第3条边。

第 4 条边

将第3条边剩余那针织下针，沿第3条边的侧边挑织4针，再沿毯子直边挑织120针，最后沿第1条边的侧边挑织5针——130针。

第1-19行：下针。

收针。

收尾

- 定型（见“收尾：定型”）。
- 藏线头。

技法指导21：几何方块

几何方块由正方形和长方形组合而成。长方形直条是在挑针的基础上进行编织，边织边与正方形结合。几何方块之间可以任意组合成创意作品，比如上文中的盖毯就是一个很好的范例。

1. 编织中心方块，收针的时候要保留最后一针（图1）。
2. 用新色毛线将上一步中保留的那针织下针。旋转织物，继续沿中心方块其中一边挑针（图2）。以搓板针的每个“突起”作为参照物，在“凹陷”的地方挑针。挑针的时候要注意，要将棒针插入两股毛线的下方，而非一股，这样的挑边效果更平整。
3. 重复**步骤2**（图3）。
4. 重复**步骤2**两次（图4）。
5. 收掉所有针数，几何方块完成（图5）。

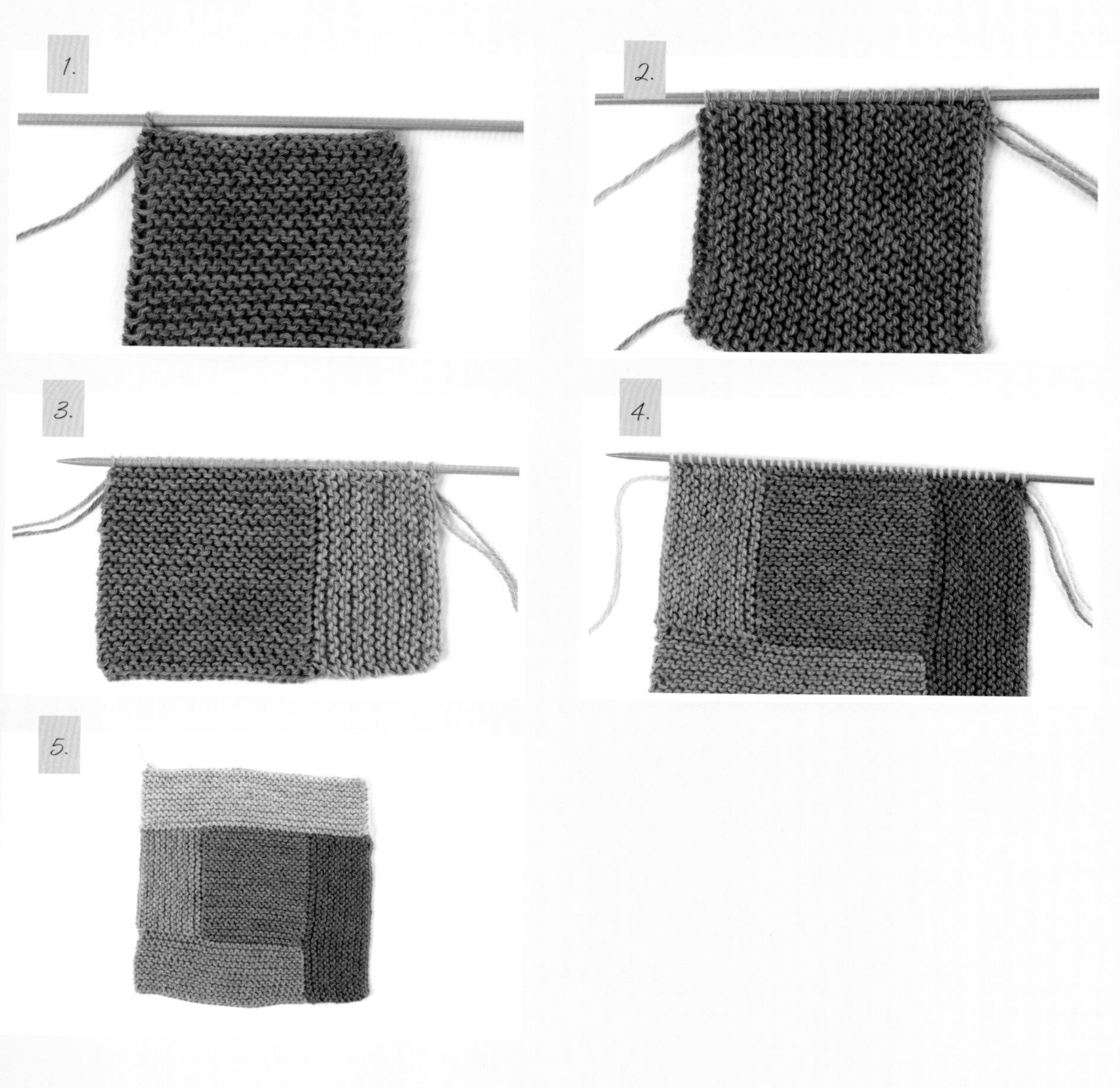

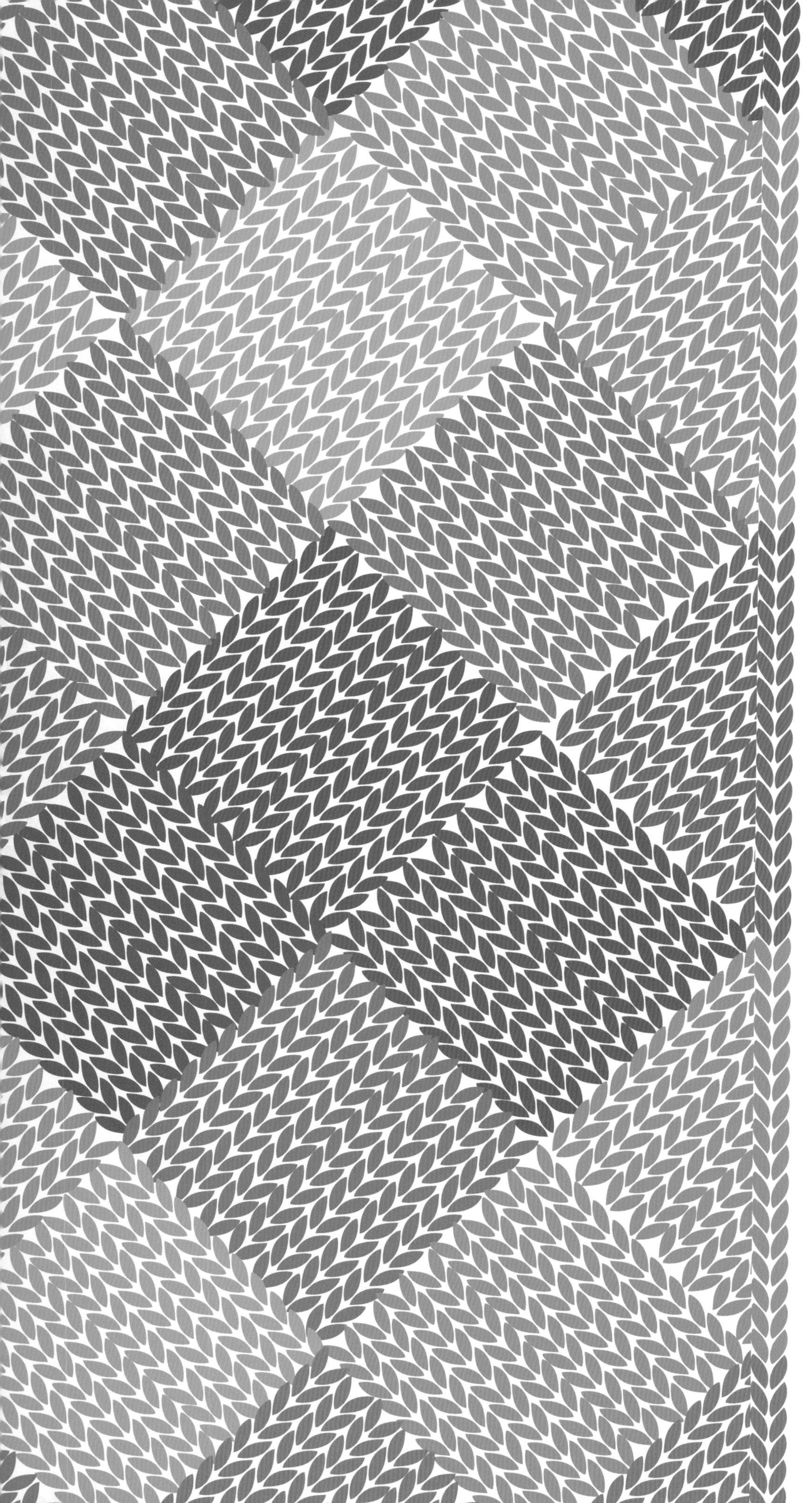

白桦编织

多彩白桦披肩

多色的白桦编织织作品起来十足有趣。严格意义上来说，它其实不算配色编织范畴，但使用不同的颜色进行编织会更漂亮。多色的段染毛线在白桦编织作品中表现也相当抢眼。假如你想编织多色的白桦编织作品，又苦于不知如何搭配的时候，可以“偷懒”使用渐变或杂色的段染毛线。我选择了具有丝滑手感的真丝羊毛线来织这条披肩，颜色组合明艳、大方。你也可以尝试选择其他类似的毛线，看看它能呈现怎样让人惊喜的效果吧！

材料

毛线

- Noro Silk Garden Aran（45%真丝，45%马海毛，10%羊毛），100m/50g/团，彩虹色，色号87，用量6团

针和工具

- 5mm直棒针一副，或是其他可以达到标准密度的针号

尺寸

均码： 130cm×45cm

所需技法

起针、下针、上针、加针、减针、挑针、收针

编织密度

5mm针织平针（清洗、定型后）
10cm×10cm=16针×22行

编织说明

起40针。在开始编织披肩之前，请先阅读白桦编织的技法指导（见“技法指导22：白桦编织”）。

初始三角层

第1行（正面）： 2下针，翻面。
第2行（反面）： 2上针，翻面。
第3行： 3下针，翻面。
第4行： 3上针，翻面。
第5行： 4下针，翻面。
第6行： 4上针，翻面。
第7行： 5下针，翻面。
第8行： 5上针，翻面。
第9行： 6下针，翻面。
第10行： 6上针，翻面。
第11行： 7下针，翻面。
第12行： 7上针，翻面。
第13行： 8下针。
第1个三角完成。
再重复**第1-13行**4次，一共织5个三角。

第 1 层

这一层包括了右侧三角、4个方块、左侧三角。

左侧三角

第1行（反面）： 2上针，翻面。
第2行（正面）： 1下针，加1针，1下针，翻面。
第3行： 2上针，上针左上2针并1针，翻面。
第4行： 2下针，加1针，1下针，翻面。
第5行： 3上针，上针左上2针并1针，翻面。
第6行： 3下针，加1针，1下针，翻面。
第7行： 4上针，上针左上2针并1针，翻面。
第8行： 4下针，加1针，1下针，翻面。
第9行： 5上针，上针左上2针并1针，翻面。
第10行： 5下针，加1针，1下针，翻面。
第11行： 6上针，上针左上2针并1针，翻面。
第12行： 6下针，加1针，1下针，翻面。
第13行： 7上针，左上2针并1针。
左侧三角完成。

方块

反面朝上，沿下一个三角或方块边缘挑织8针上针，翻面。

第1行（正面）： 8下针，翻面。
第2行（反面）： 7上针，上针左上2针并1针，翻面。
第3-14行： 将**第1-2行**重复织6次。
第15行： 同**第1行**。
第16行： 7上针，上针左上2针并1针。
将**第1-16行**重复织3次，一共织4个方块。

右侧三角

反面朝上，沿下一个三角或方块边缘挑织8针上针，翻面。

第1行（正面）： 8下针，翻面。
第2行（反面）： 6上针，上针左上2针并1针，翻面。
第3行： 7下针，翻面。
第4行： 5上针，上针左上2针并1针，翻面。
第5行： 6下针，翻面。
第6行： 4上针，上针左上2针并1针，翻面。
第7行： 5下针，翻面。
第8行： 3上针，上针左上2针并1针，翻面。
第9行： 4下针，翻面。
第10行： 2上针，上针左上2针并1针，翻面。
第11行： 3下针，翻面。
第12行： 1上针，上针左上2针并1针，翻面。
第13行： 2下针，翻面。
第14行： 上针左上2针并1针，翻面，将这最后一针移至右手针。
又一个侧边三角完成。

第 2 层

这一层包括了五个方块。

正面朝上，用右针（上面保留有1针）沿下一个三角或方块挑织7针，翻面。

注意：由于右针上已经有1针作为第1针，而每个方块共需要8针，所以仅挑织7针即可。编织其余方块时需要挑织8针。

第1行（反面）： 8上针，翻面。
第2行（正面）： 7下针，右上2针并1针，翻面。

第3-14行：将**第1-2行**重复织6次。
第15行：同**第1行**。
第16行：7下针，右上2针并1针。
将**第1-16行**重复织3次，一共织4个方块。
再重复**第1层**和**第2层**的织法13次。
再织**第1层**1次。

顶层三角

正面朝上，沿下一个三角或方块挑织7针，翻面。
注意：由于右针上已经有1针作为第1针，而每个方块共需要8针，所以仅挑织7针即可。
第1行（反面）：8上针，翻面。
第2行（正面）：右上2针并1针，5下针，右上2针并1针，翻面。
第3行：7上针，翻面。
第4行：右上2针并1针，4下针，右上2针并1针，翻面。
第5行：6上针，翻面。
第6行：右上2针并1针，3下针，右上2针并1针，翻面。
第7行：5上针，翻面。
第8行：右上2针并1针，2下针，右上2针并1针，翻面。
第9行：4上针，翻面。
第10行：右上2针并1针，1下针，右上2针并1针，翻面。
第11行：3上针，翻面。
第12行：右上2针并1针，右上2针并1针，翻面。
第13行：2上针，翻面。
第14行：1下针，右上2针并1针，翻面。
第15行：2上针，翻面。
第16行：毛线在后，像织下针那样滑1针，右上2针并1针，将滑针盖过并针，不要翻面。
顶部三角完成。
将**第1-16行**重复织4次，一共织5个三角。
剪断毛线，穿过剩余针数，打结。

收尾

- 定型（见“收尾：定型”）。
- 藏线头。

技法指导22：白桦编织

白桦编织是一种结合了挑针、引返、加减针，并且逐层编织的技法，成品的效果如同网篮编。

初始三角

白桦编织技法通常以初始三角层的编织开始。

1. 先织2针下针。
2. 将织物翻到反面，织2针上针。
3. 将织物翻到正面，先织2针下针，再加针织1针下针。
4. 继续按照这样的方法，直至织了8针下针。
5. 重复步骤1-4，将初始三角层全部织完。

第1层

这一层两侧各有一个三角，其余均为方块。

1. 开始织侧边的三角，先织2针上针，翻面。
2. 继续一边加针、一边织三角，加针位于正面行的外侧。在反面行则采用上针左上2针并1针的方法与下方的部分结合起来（图2）。
3. 三角完成之后，下方部分的针数减完，与三角结合，棒针上留有8针（图3）。
4. 沿下方部分挑织8针，开始织方块（图4）。
5. 继续织方块，先织8针下针，接下来翻到反面，织7针上针和左上2针并1针，将其与下方部分结合起来。

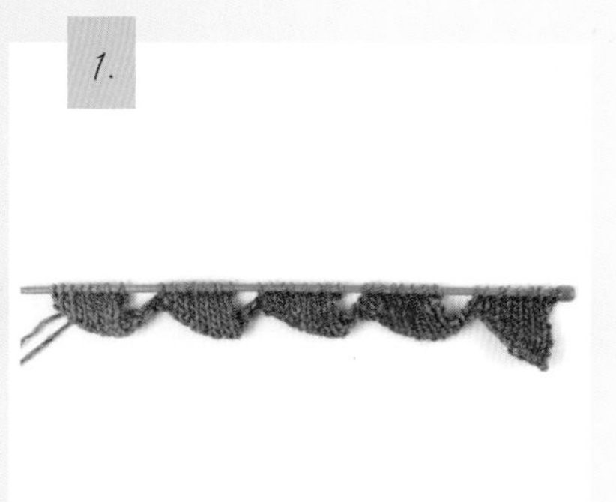

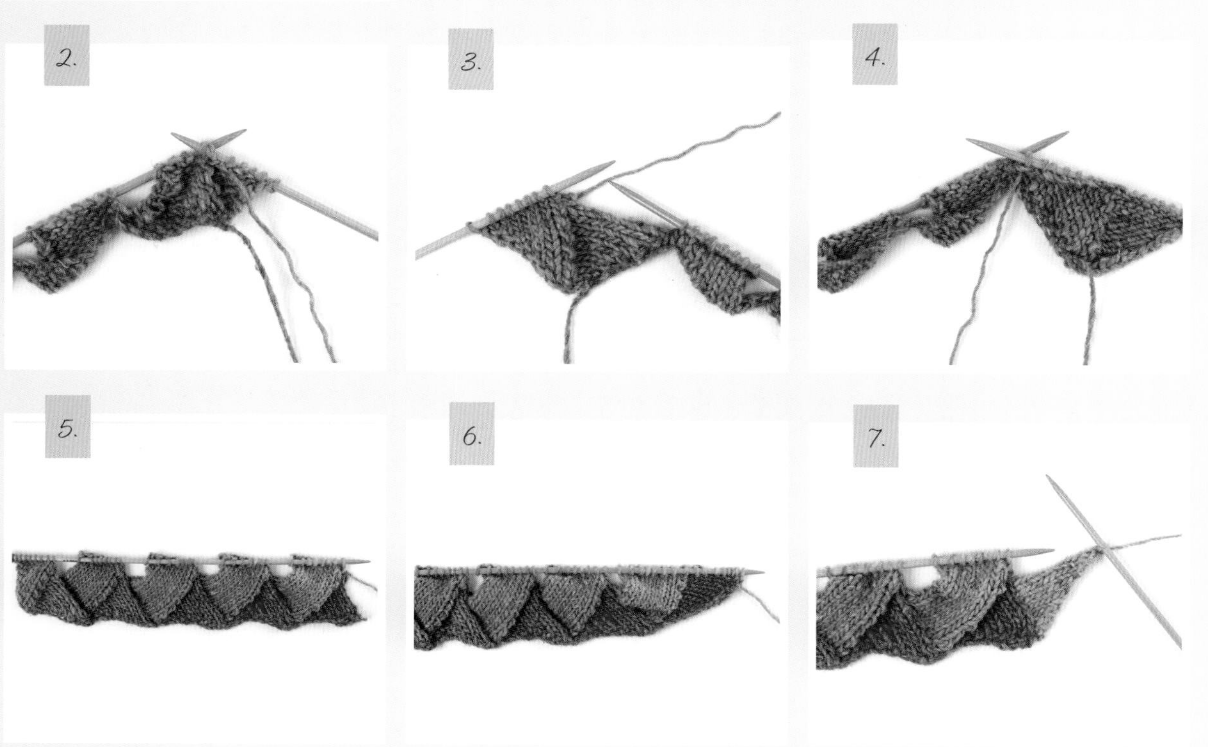

6. 重复**步骤4-5**，直至完成这一行全部的方块（图5）。

7. 织另一侧的三角，先沿下方部分挑织8针（图6）。

8. 继续织三角，在正面行正常织下针，在反面行外侧通过左上2针并1针的方法与下方部分结合起来，直至剩余1针（图7）。

第2层

这一层由方块组成，与第1层的方块方向相反。

1. 将右针最后一针保留，继续沿下方部分挑织7针（图8）。

2. 继续织方块，反面行正常织上针，正面行通过右上2针并1针的方法与下方部分结合起来（图9）。

3. 继续织完这一层所有的方块（图10）。

重复第1层和第2层的织法，直至达到所需要的长度，最后再织1次第1层。

顶层三角

与初始层的三角呼应，这一层也织三角，这样上、下边缘会特别整齐。

1. 将右手针最后一针保留，继续沿下方部分挑织针（图11）。

2. 一侧收针、另一侧右上2针并1针，使针数逐渐减少，以此形成三角的形状（图12）。

3. 继续织完这一层所有的三角（图13）。

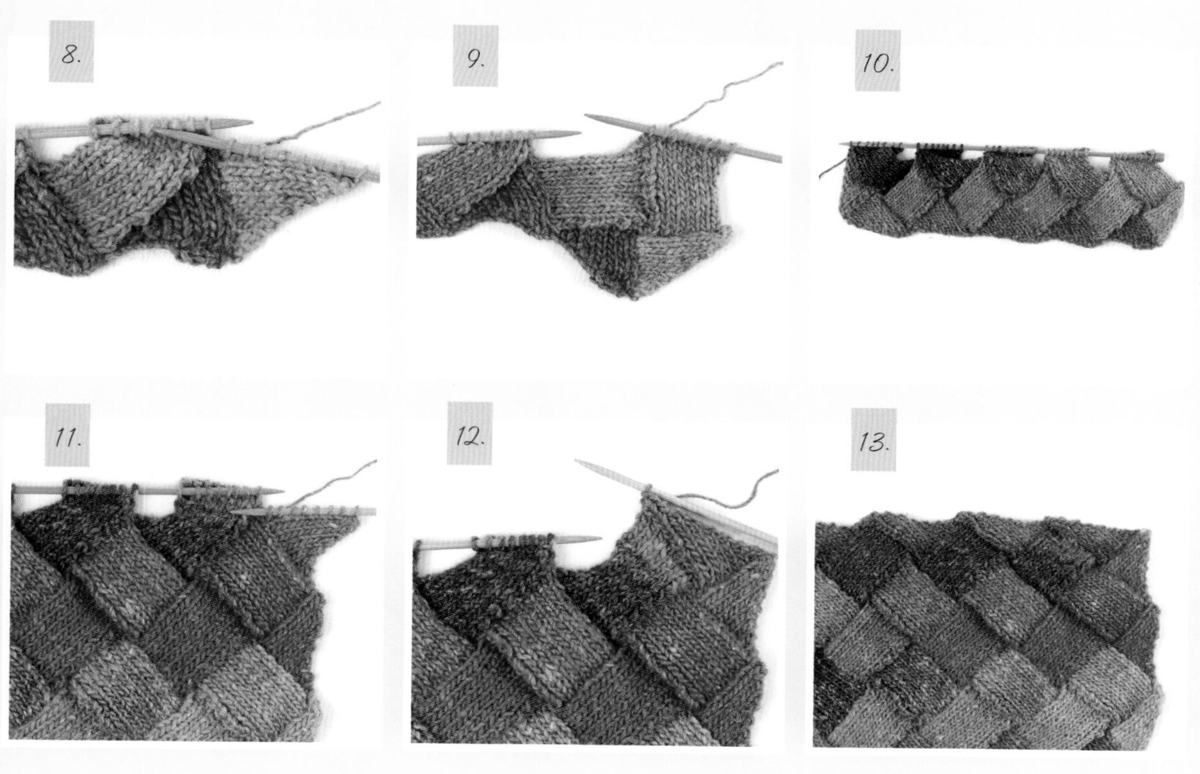

编织技法

常见编织术语（中英对照）

- **中上3针并1针——CDD** centred double decrease
- **下针——k** knit
- **1针放2针——kfb** knit into front and back of stitch
- **1针放3针——KYOK** knit 1, yarn over, knit 1 into the same st
- **左上2针并1针——k2tog** knit 2 sts together
- **记号圈——m** marker
- **加1针——m1** make 1 st
- **左加针——m1L** make 1 left
- **右加针——m1R** make 1 right
- **上针——p** purl
- **放记号圈——pm** place marker
- **上针左上2针并1针——p2tog** purl 2sts together
- **正面——RS** right side
- **滑1针——sl** slip
- **滑记号圈——slm** slip marker
- **右上2针并1针——ssk** slip, slip, knit these 2 sts together
- **针数——st(s)** stitch(es)
- **平针——st st** stocking stitch
- **反面——WS** wrong side
- **毛线在前——wyif** with yarn in front
- **毛线在后——wyib** with yarn in back
- **空加针（下针状态下）——YO** yarn over
- **空加针（上针状态下）——yrn** yarn round needle

起针与收针

打一个活结

以下起针法都是以活结开始的。

1. 用毛线绕一下，形成一个圈（图1）。
2. 用棒针或手指，在圈里挑出另一个线圈（图2）。
3. 轻轻拉扯尾线，使活结位于棒针上（图3）。这个活结作为起针的第1针。

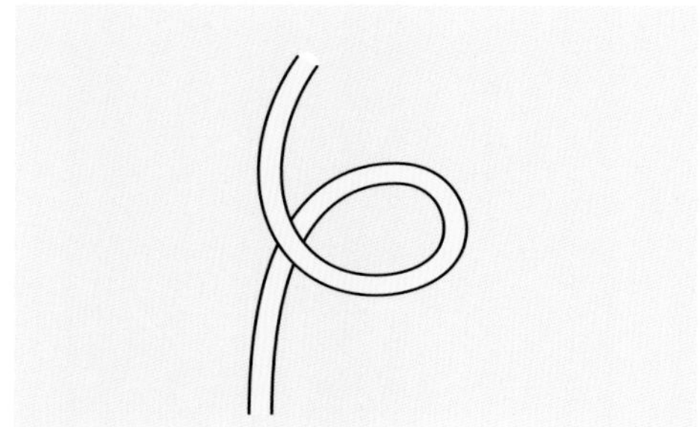

2.

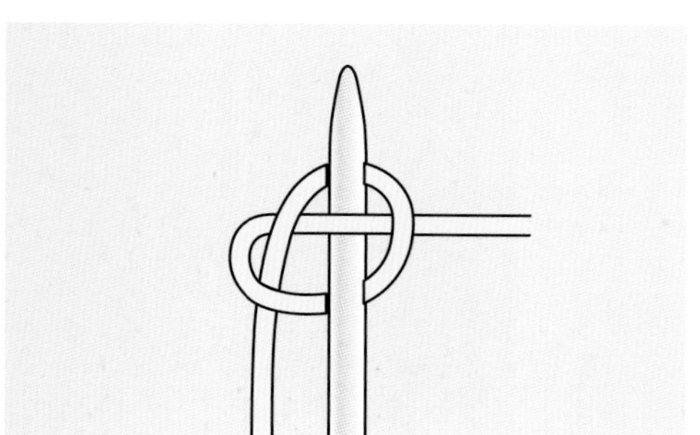

3.

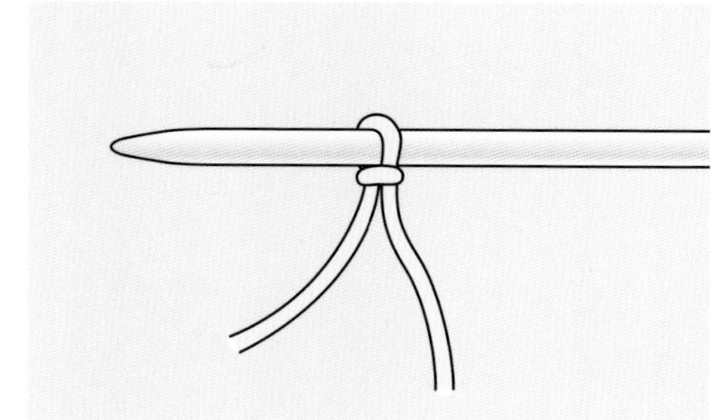

一般起针法

用一般起针法起出来的边比较牢固、平整。

1. 准备三倍于织物宽度的毛线。打一个活结，将其置于棒针上。

2. 活结延伸出来的两段毛线，分别挂在大拇指和食指上，在手掌中固定（图4）。

3. 将棒针插入大拇指控制的线圈中，再继续插入食指控制的线圈中靠前的那段线（图5）。

4. 将挂在食指上的毛线从大拇指上的线圈中拉出（图6）。使线圈从大拇指上脱出，形成起出来这一针的基底（图7）。

5. 再次在大拇指上挂线圈，重复以上步骤，直至起出想要的针数。

下针起针法

用下针起针法起出来的边比较松散，稍有弹性。

1. 留一段约10cm长的尾线，在左针上打一个活结（图8）。

2. 将右针插入活结，用毛线在右针上绕一圈（用的是与线团相连的那根毛线）。

3. 从活结中拉出线圈（图9），将它移至左针上（图10）。

4. 重复以上步骤，直至起出想要的针数（图11）。

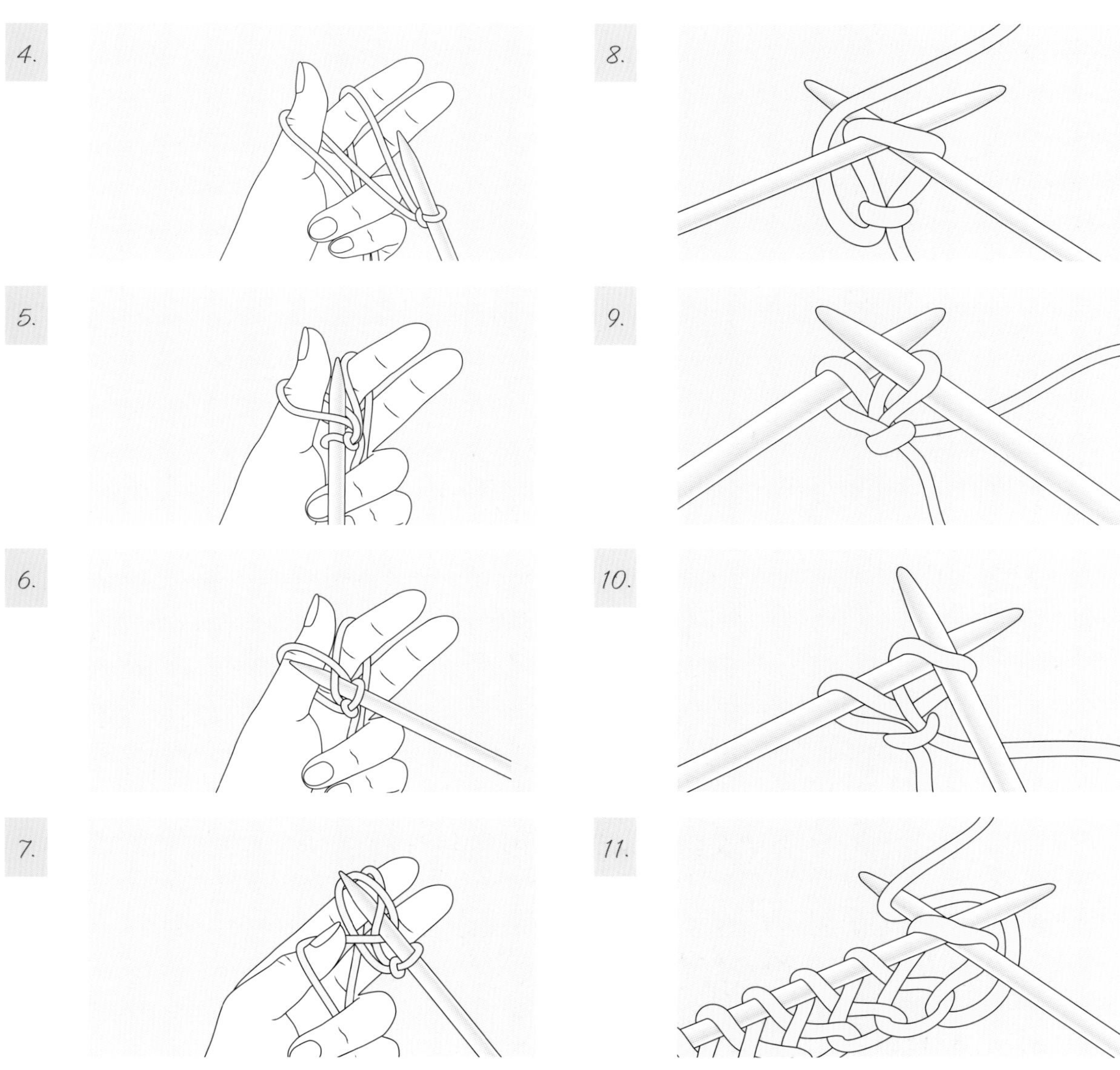

交替起针法

交替起针法适用于罗纹边。

1. 留一段约10cm长的尾线，在左针上打一个活结。

2. 用下针起针法起1针（图12）（见“下针起针法”）。

3. 下一针用织上针的方法起针。将右针从后往前插入左针前两针之间。用毛线在右针上绕一圈（图13），拉出线圈，将它移至左针上。

4. 下一针用织下针的方法起针。将右针从前往后插入左针前两针之间（图14）。用毛线在右针上绕一圈，拉出线圈，将它移至左针上。

5. 重复第3、第4步，直至起出想要的针数。

12.

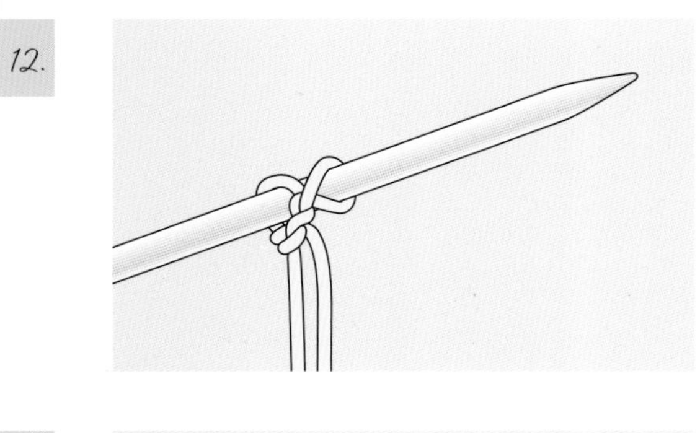

13.

14.

收针

收针，是将织片做收边处理，防止脱线。它是一种使边缘整齐、牢固的收尾方法。

1. 织两针下针（见“下针”）。

2. 将左针插入右针靠右的那一针底部（图15），使它抬起并盖过靠左的一针，最后将它从右针上放掉（图16、图17）。

3. 再织1针下针，此时右针上有2针。

4. 重复第3、第4步，直至剩余1针（假如你要收掉所有针数的话）。

5. 剪断毛线，将尾线穿入剩余针圈，抽紧打结。

15.

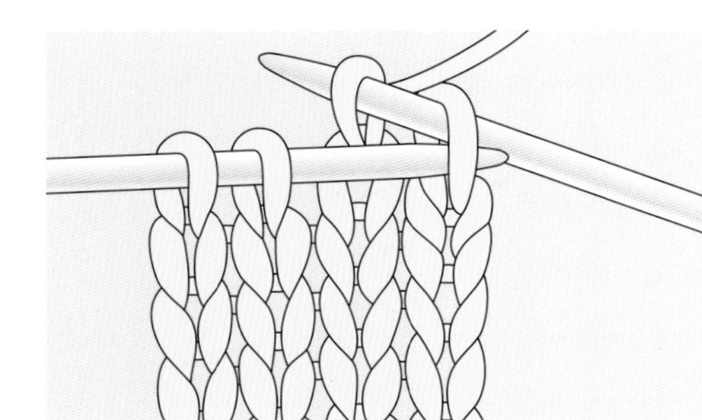

16.

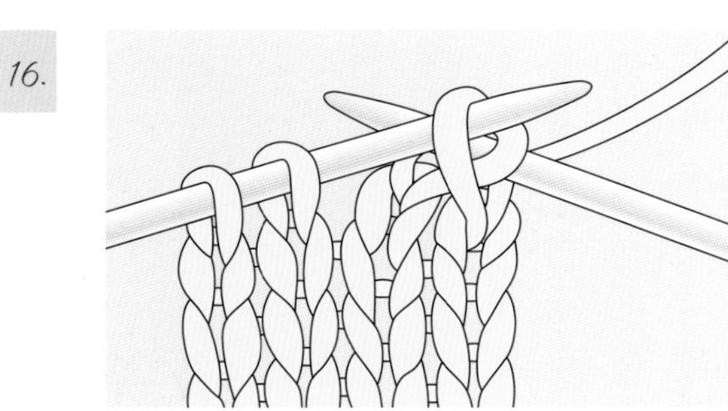

17.

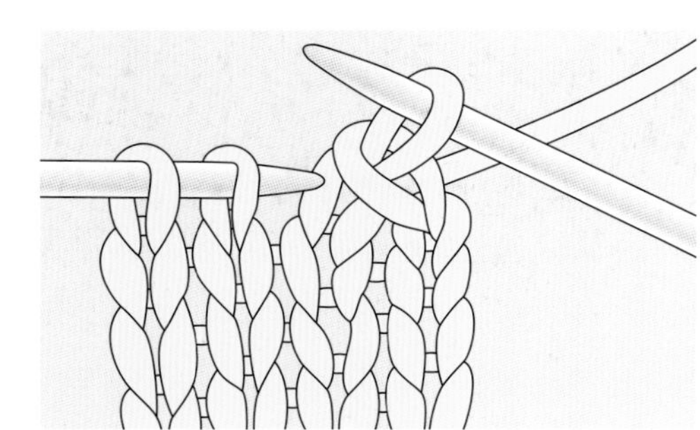

下针与上针

下针

下针是最简单的针法，可以说是其他针法与技法的基础。下针在织物正面看起来像是字母V的形状，在反面看起来则是一个小横条。

1. 将右针从前往后插入左针上的第1针（图1a、图1b）。
2. 用毛线在右针上绕一圈（图2a、图2b）。
3. 从这一针中拉出线圈（图3a、图3b）。
4. 将左针上的第1针放掉（图4a、图4b）。

右手带线法

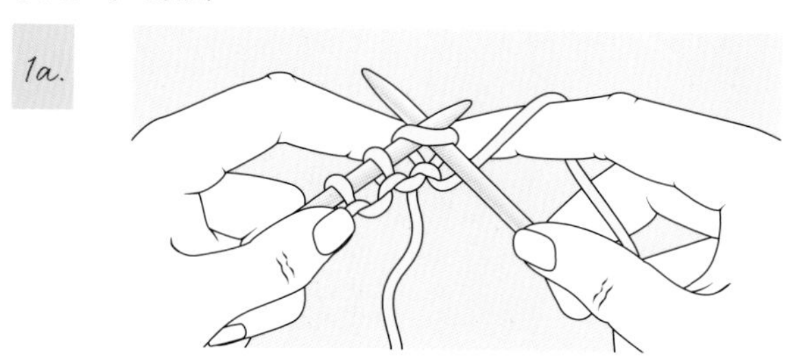

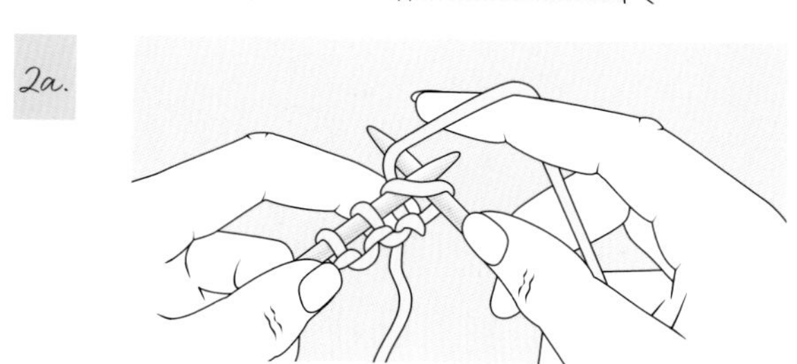

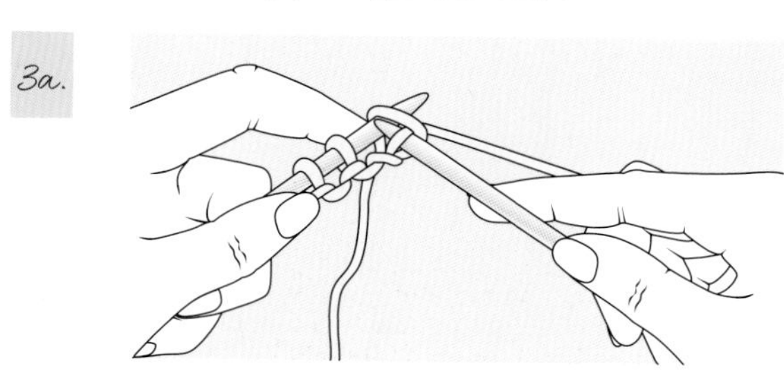

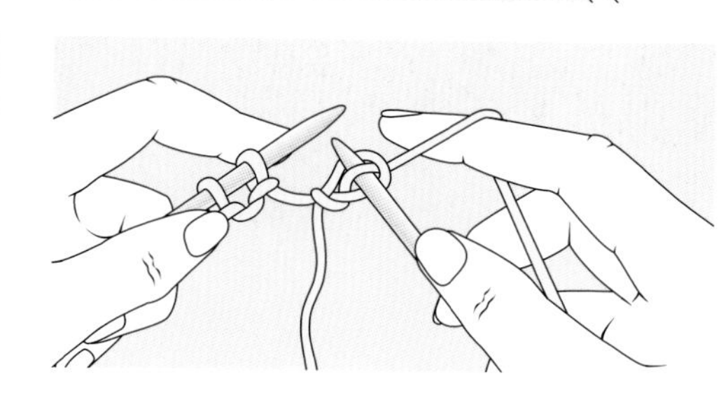

左手带线法

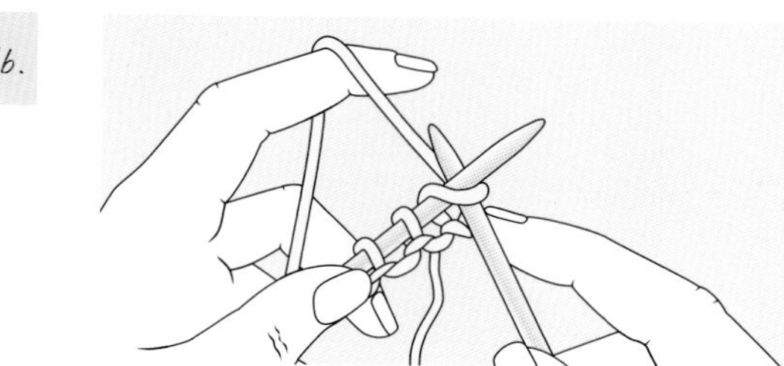

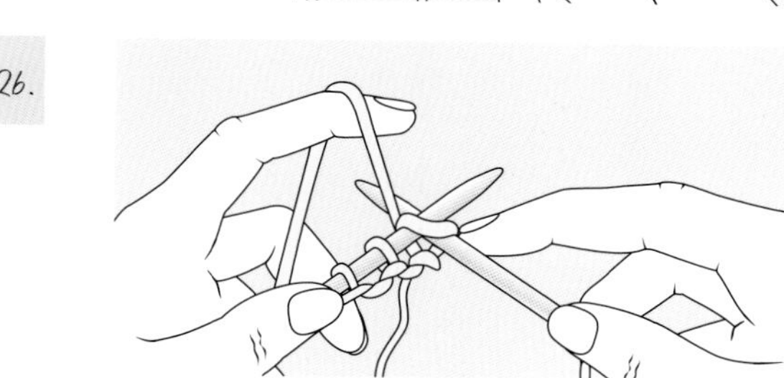

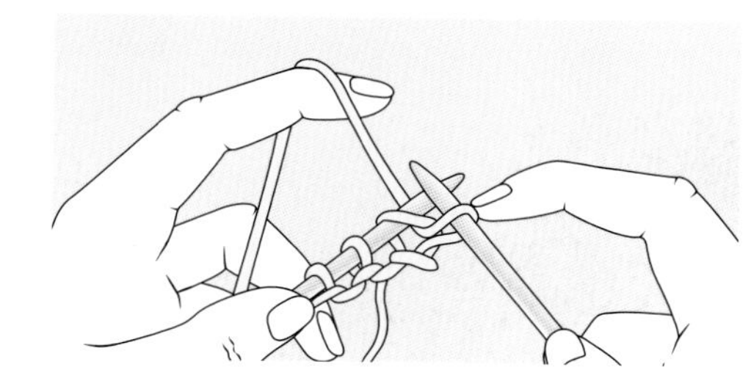

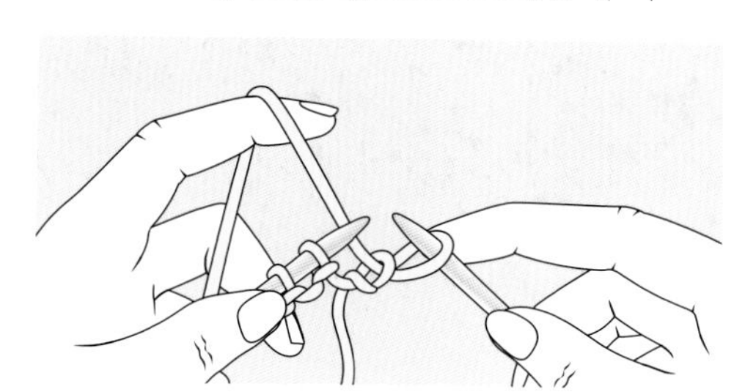

上针

上针就是下针的背面。它的织法与下针类似，区别在于入针的方向相反。织上针的时候，V字形位于织物反面，而小横条则位于正面。

1. 将右针从后往前插入左针上的第1针（图5a、图5b）。
2. 用毛线在右针上绕一圈（图6a、图6b）。
3. 从这一针中拉出线圈（图7a、图7b）。
4. 将左针上的第1针放掉（图8a、图8b）。

右手带线法

5a.

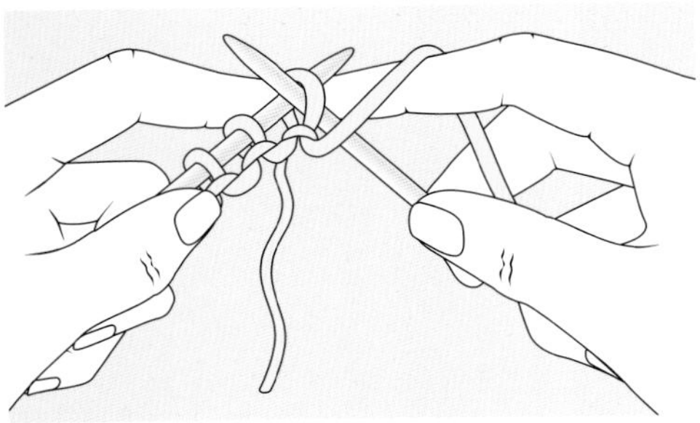

6a.

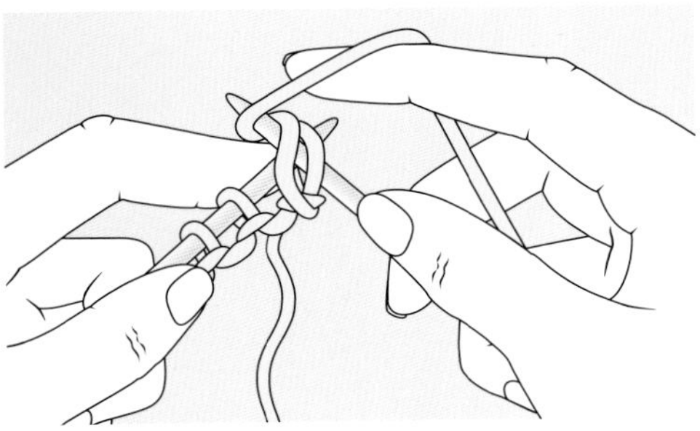

7a.

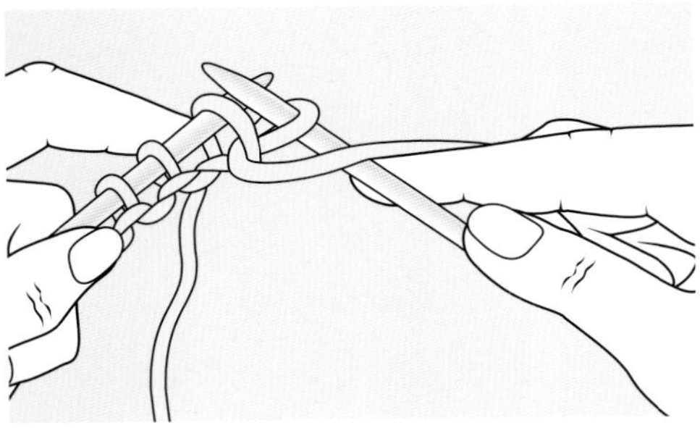

8a.

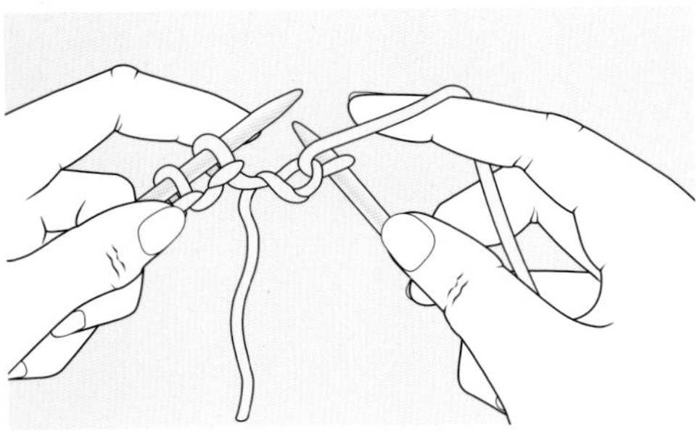

左手带线法

5b.

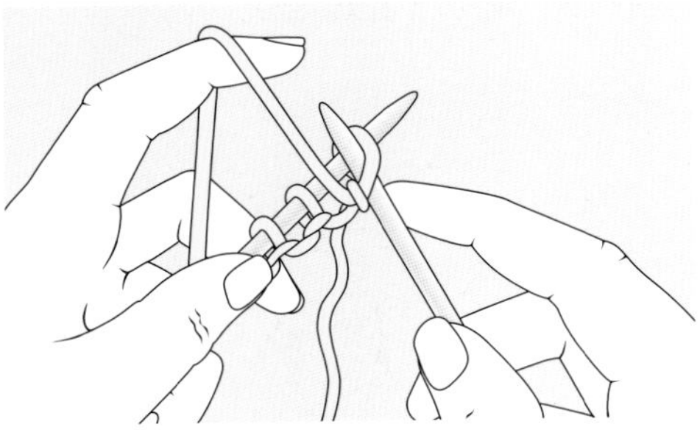

6b.

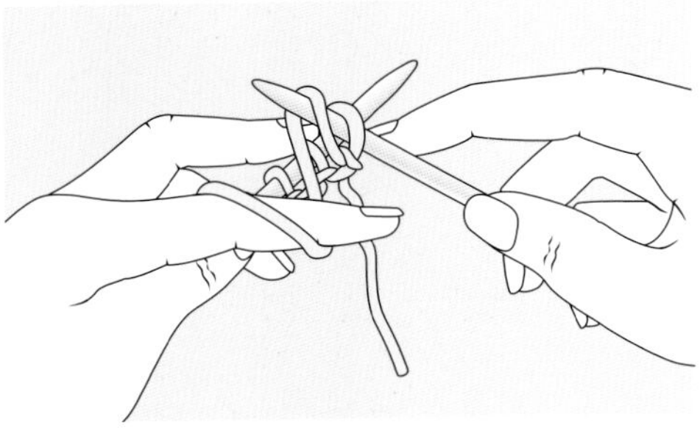

7b.

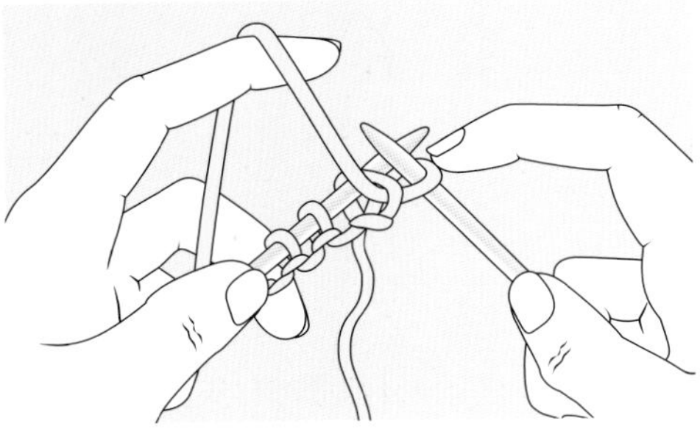

8b.

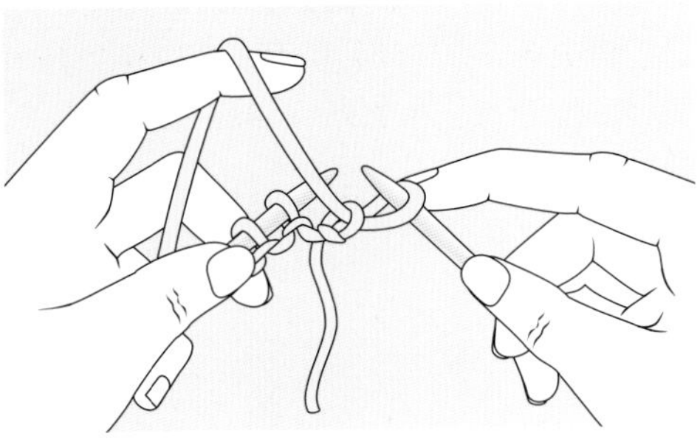

基础针法

左加针

左加针即在两针之间加出向左倾斜的一针。

1. 将左针从前往后插入左、右针之间的渡线下方（图1）。

2. 在上一步挑起的渡线中织1针扭针（图2）。用扭转线圈的方法加针可以避免孔洞。

1.

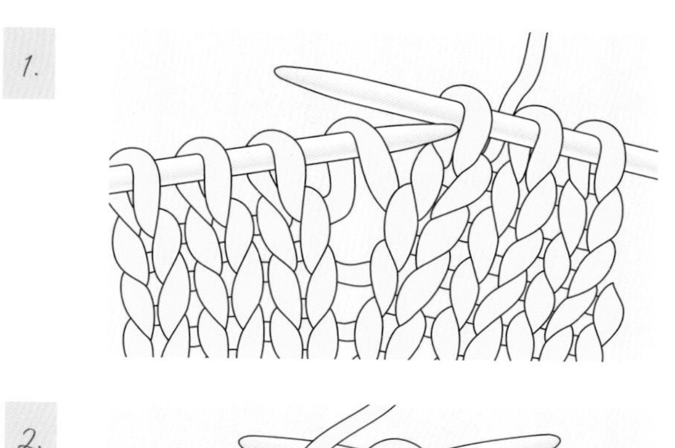

2.

右加针

右加针即在两针之间加出向右倾斜的一针。

1. 将左针从后往前插入左、右针之间的渡线下方（图3）。

3. 在上一步挑起的渡线中织1针下针（图4）。用扭转线圈的方法加针可以避免孔洞。

3.

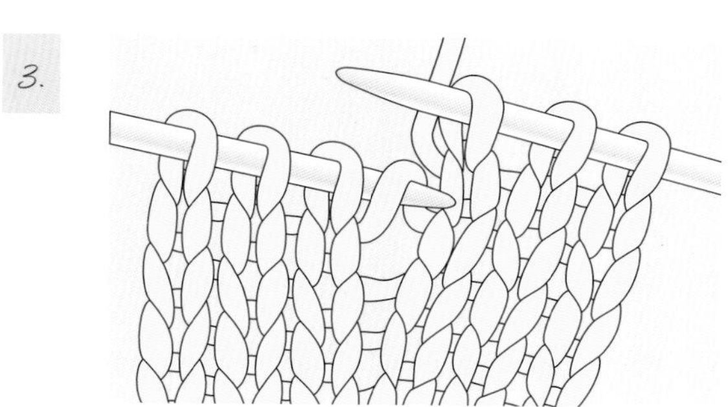

4.

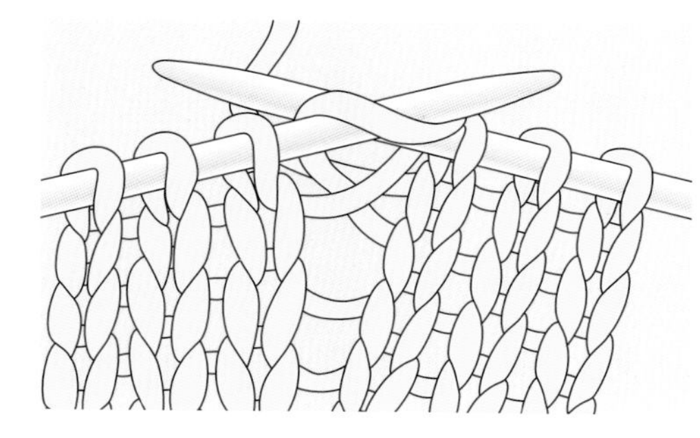

空加针

空加针不仅使针数增加，还会在新加针的下方形成孔洞，多用于编织蕾丝花样或者纽扣孔等。

编织下一针之前，用毛线在右针上绕一圈。在织下一行或下一圈的时候，将其作为正常的针圈进行编织（图5）。

5.

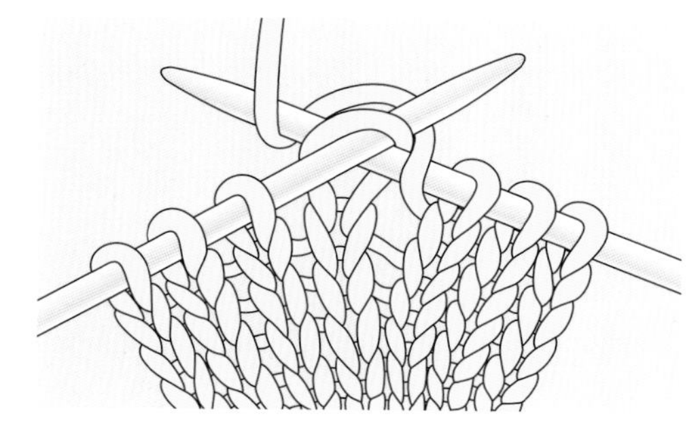

1针放3针

1针放3针是从1针里织出3针来，相当于加了2针。

1. 织一针下针，但是不要将左针上的针圈放掉（图6）。

2. 用毛线在右针上绕一圈（图7），在同一针里再织一次下针，完成之后将左针上的针圈放掉。

6.

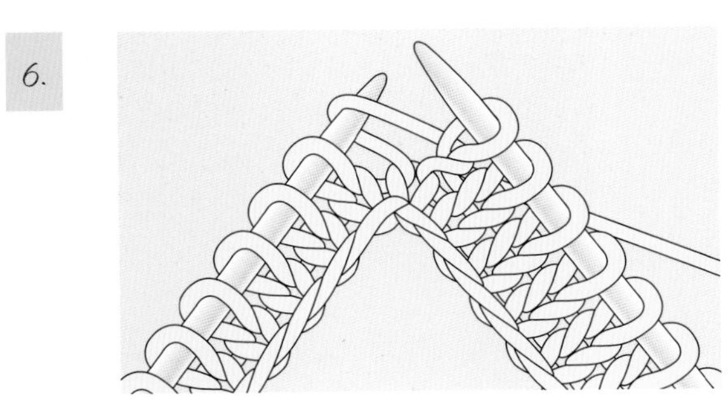

7.

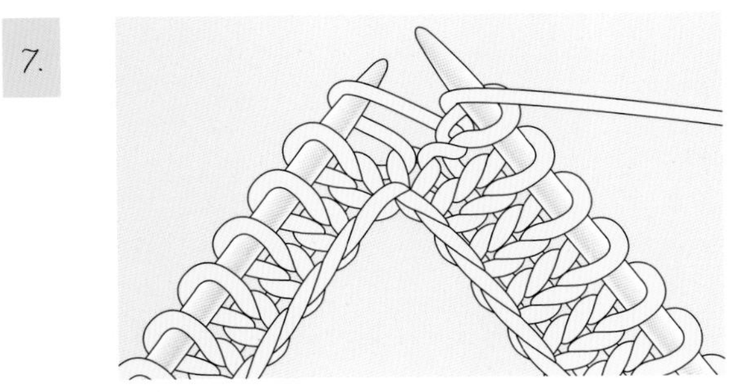

右上2针并1针

右上2针并1针形成向左倾斜的减针效果，原本位于右侧的那针在上，另一针在下。我们通常将它与左上2针并1针视为一组对称的减针方法。在编织右上2针并1针之前，先通过滑针改变线圈的方向，使其向左倾斜。

1. 像织下针那样滑2针至右针（右针按照织下针的方向插入线圈），每次滑1针（图8）。

2. 将左针插入这2个线圈，此时左针在上、右针在下，将这两针一起织下针（图9）。

8.

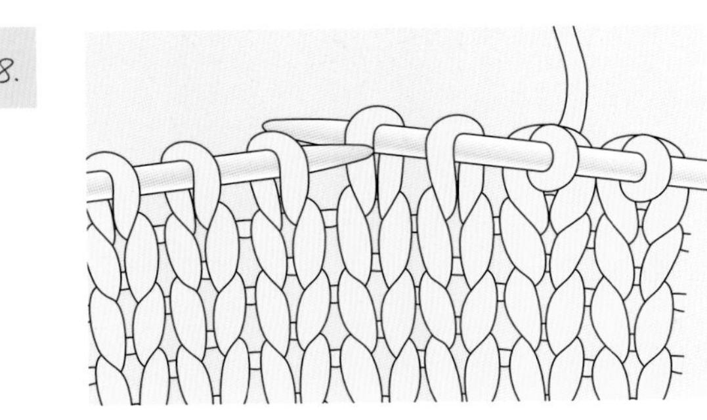

9.

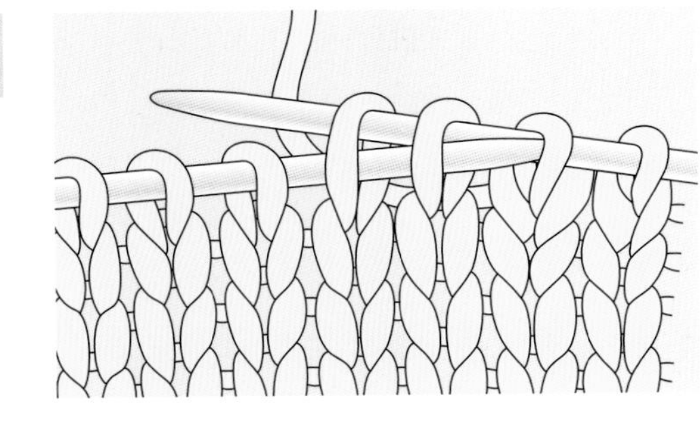

左上2针并1针

将两针一起织下针，合并为1针下针，形成向右倾斜的减针效果，原本位于左侧的那针在上，另一针在下。

将右针从前往后插入左针上的前两针（图10）。两针一起织下针，并将这两针一起从左针上放掉。

10.

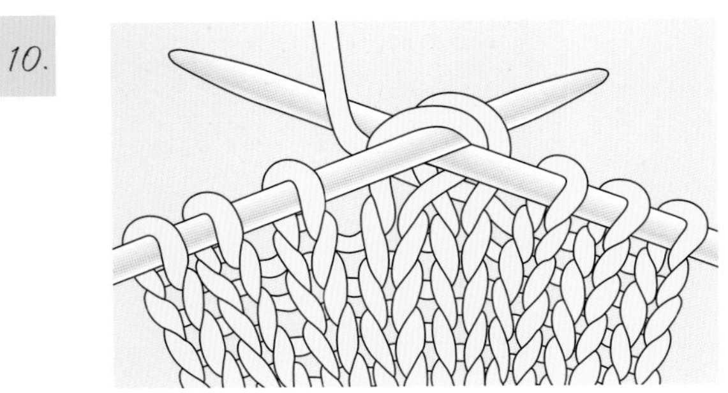

上针左上2针并1针

将两针一起织上针，合并为1针上针，通常用于上针行的减针。

将右针从后往前插入左针上的前两针（图11）。两针一起织上针，并将这两针一起从左针上放掉。

11.

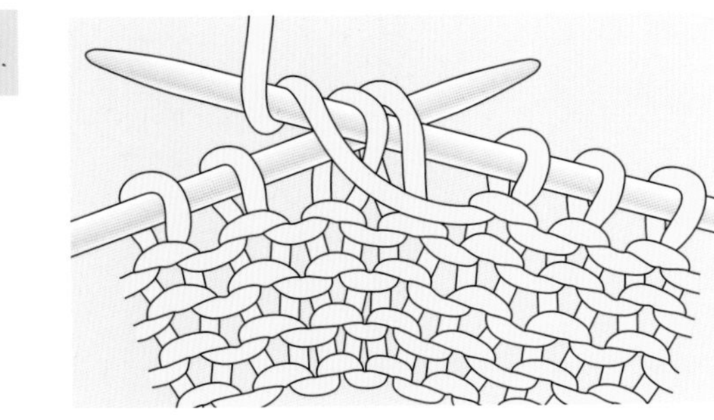

中上3针并1针

中上3针并1针是一次减去2针的方法，三针里最中心的那针在减针完成之后位于另两针前方，减针的效果比较对称、整齐。

1. 将右针像准备织左上2针并1针那样插入针左针上的前两针，将它们滑至右针。此时线圈方向扭转，两针位置交叉（图12）。
2. 将左针上的下一针织下针，再将前两针滑针一起盖过这针下针，从右针上放掉（图13）。

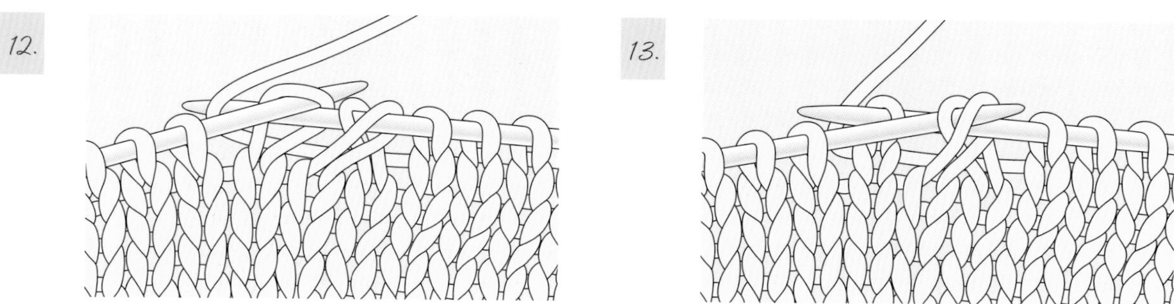

挑针

挑针是一种沿着织物（多为边缘）挑起织新的针圈，使其与原始织物相连接的针法。

1. 将右针插入需要挑针的部位（图14）。
2. 用毛线在右针上绕一圈（图15），从织物表面拉出线圈（图16）。
3. 重复以上两个步骤，沿织物均匀地挑针，直至挑出需要针数（图17）。

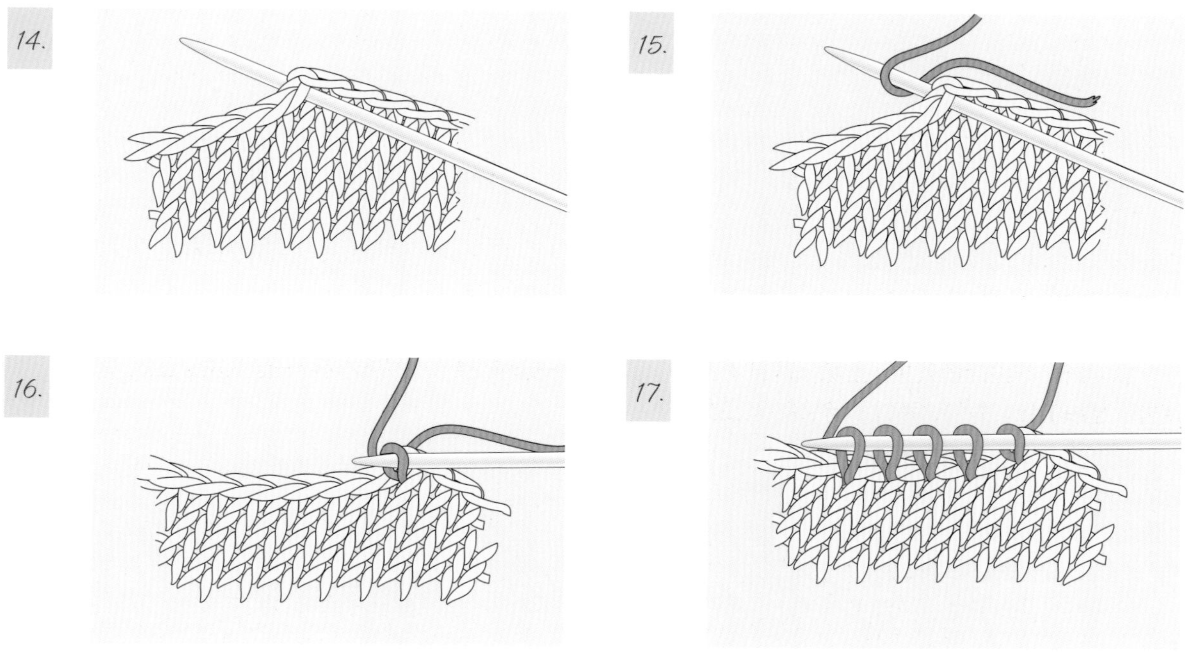

进阶技法

圈织

圈织是一种形成圆筒状织物的编织方法。常用的圈织工具为双头棒针和环形针（见“毛线和工具”）。

环形针圈织

环形针的长度要与针数相匹配，过短容易脱针，过长则织起来比较吃力（“魔力圈”编织方法除外）。

起针完成之后，稍稍整理针圈，使其均匀分布在环形针上，确保首尾方向一致、无扭转（图1）。通常来说，会在第1针或者首尾交界处放一个记号圈，标记圈织开始的位置。

环形针不仅可以用于圈织，也可以用于片织。织完一行之后，只需要简单地将织物连同环针形一起翻面，交换一下左、右针头的位置即可。使用环形针进行片织，在针数比较多的情况下是非常有帮助的，比如毯子、披肩等。

1.

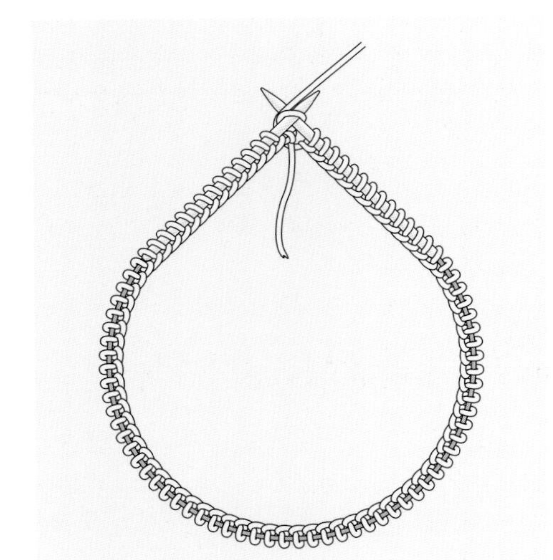

魔力圈圈织

魔力圈是一种用环形针圈织较少针数的方法。

起针完成之后，将针圈一分为二，一半放在其中一支针头上，另一半位于针绳上。抽动另一支针头，拉出较长的针绳，确保首尾方向一致、无扭转。

调整一下各部分的位置，使包含起针第1针的那一半针圈位于左针上，另一半针圈位于针绳中间。右针上无针圈。（图2）

再次确认首尾是否扭转，有必要的话继续调整一下，接下来要用毛线织第1针。可以放一个记号圈，标记圈织开始的位置。将右针插入左针第1针，扯紧毛线编织第1针，扯紧毛线的目的是使圈织接缝“隐形”、针脚不松散。

织完左针的针圈之后，将右针拉出，使针圈分布于针绳之上，继续用同样的方法织新的左针上的针圈。

2.

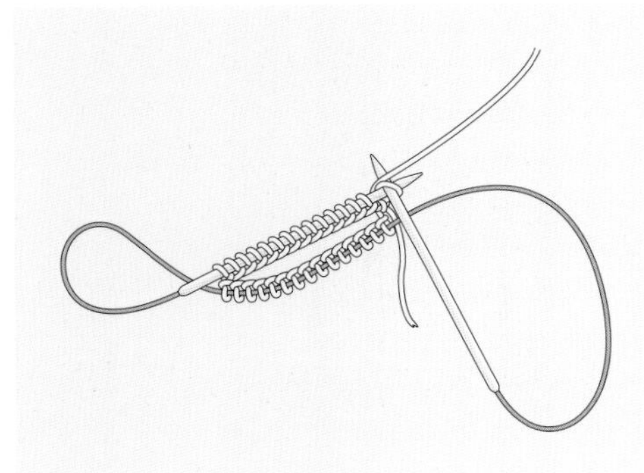

双头棒针圈织

除了环形针之外，我们还可以选择4或5根双头棒针进行圈织。首先在双头棒针上起针，接着将它们平均分配至3或4根双头棒针上，移动针圈的时候注意不要扭转方向。接着另取新的双头棒针进行编织。

和环形针圈织相同，圈织的时候务必确保首尾方向一致、无扭转，还可以用记号圈标记圈织开始的地方。再次确认是否正面朝上进行编织，确认无误后正式开始圈织。

用双头棒针圈织时，很重要的一点是要始终保持编织密度稳定。要做到这一点，我们在编织“新”棒针的针圈时，要在毛线扯紧的状态下编织第1针。这一步相当重要，假如每根棒针第1针始终织得比较松散的话，那么经过几行编织之后，你会发现这些松散的针脚会形成梯子形状，破坏织物的美感。

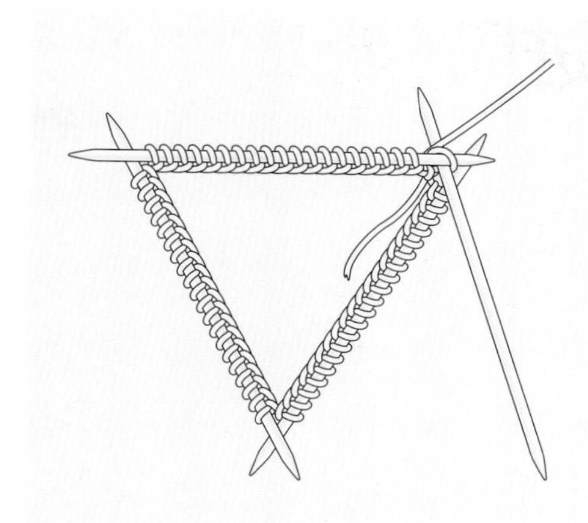
3.

后加的袜跟和手套拇指

“后加”指的是：理论上，袜跟和拇指可以在织物的任意地方开口。但是为了方便起见，在编织的时候，我们一般会用废旧毛线将开口处保留。拆除废旧毛线之后，将保留的针数圈织袜跟和手套拇指，形成的接缝处平滑、整齐。

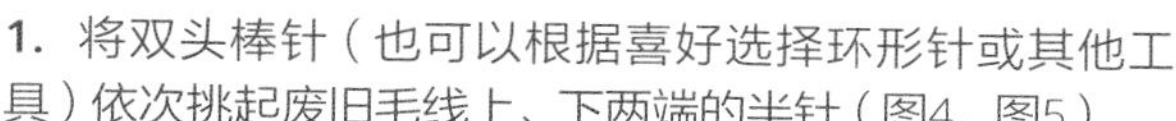
1. 将双头棒针（也可以根据喜好选择环形针或其他工具）依次挑起废旧毛线上、下两端的半针（图4、图5）。

2. 拆除废旧毛线（图6）。

3. 将针数平均分布至数根双头棒针上，准备开始圈织（图7）。加入毛线继续按要求编织袜跟或手套拇指。

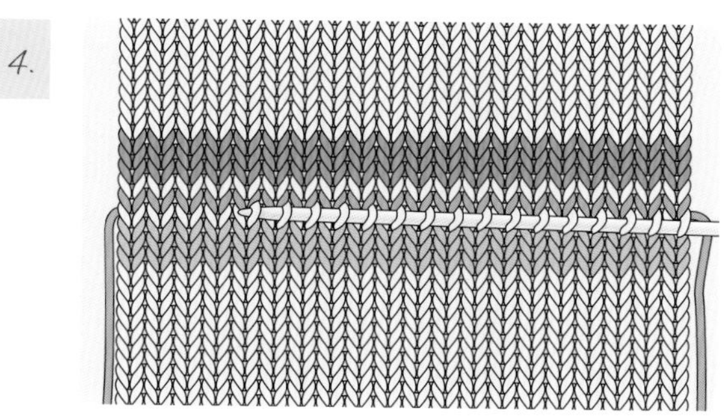
4.

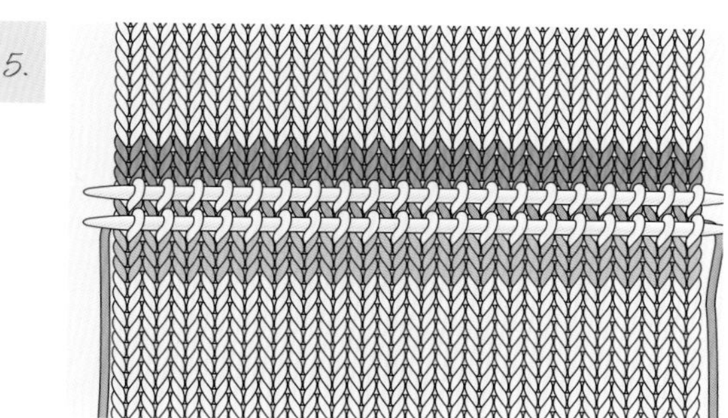
5.

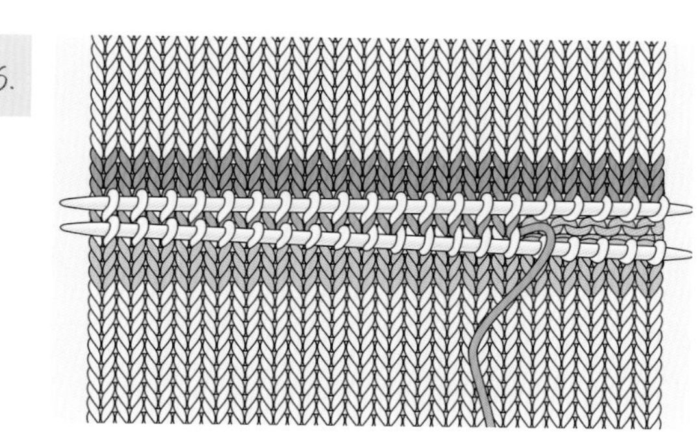
6.

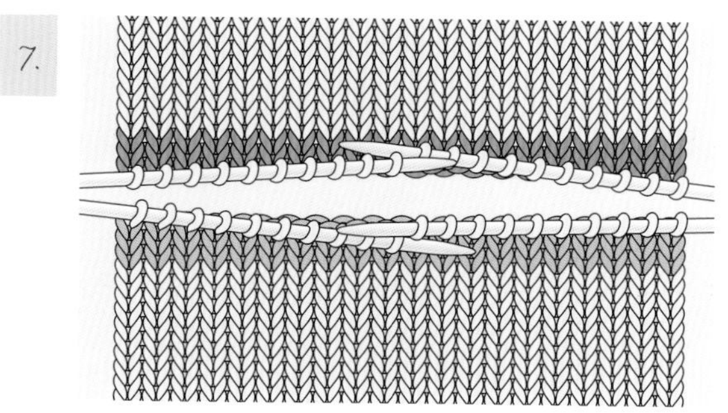
7.

无缝缝合法（未收针状态）

无缝缝合是指缝合两片织物或一片织物的两端且毫无缝合痕迹的一种方法。未收针状态是指线圈还保留在棒针上、并未做收针处理的状态。未收针状态下的无缝缝合法在编织作品中运用广泛，尤其适合袜尖、后跟等部位。

需要缝合的两片织物一前一后摆放整齐，行与行相对，每片织物各由一根棒针串起（或者由环形针的两端分别串起）。

尾线（或另取一段新的毛线）穿入缝针。

将缝针从后往前按照织上针的方向插入前方棒针的第1针（图8）。拉出缝合线，这一针仍然保留在棒针上。

将缝针从前往后按照织下针的方向插入后方棒针的第1针（图9）。拉出缝合线，这一针仍然保留在棒针上。

1. 将缝针从前往后按照织下针的方向插入前方棒针的第1针（图10）。拉出缝合线，同时将这一针从棒针上放掉。

2. 将缝针从后往前按照织上针的方向插入前方棒针的下一针（图11）。拉出缝合线，这一针仍然保留在棒针上。

3. 将缝针从后往前按照织上针的方向插入后方棒针的第1针（图12）。拉出缝合线，同时将这一针从棒针上放掉。

4. 将缝针从前往后按照织下针的方向插入后方棒针的下一针。拉出缝合线，这一针仍然保留在棒针上。

重复第1-4步，将两片织物缝合起来（图13）。当缝至剩余最后2针的时候，先按第1步操作，再按第4步操作。

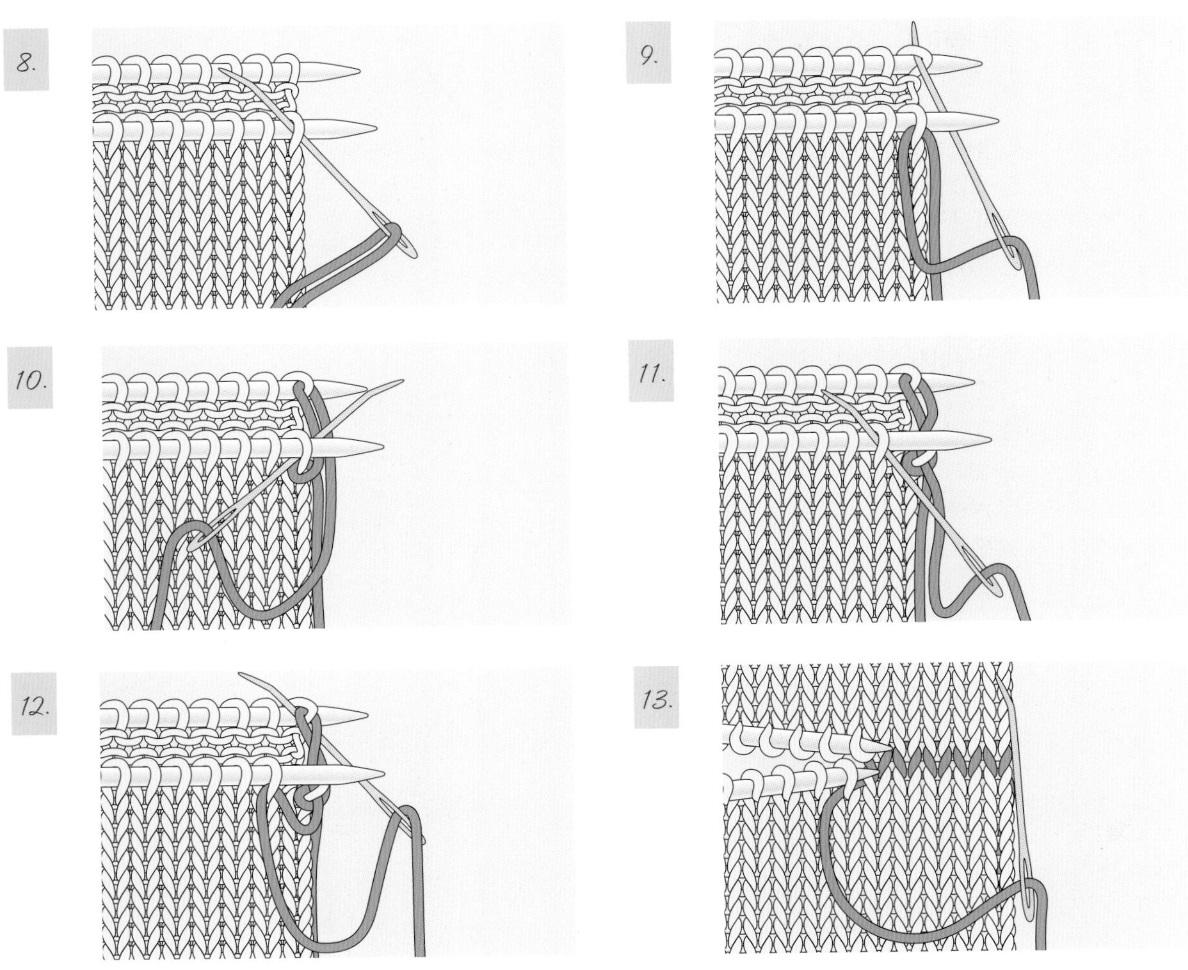

收尾

定型

对于绝大多数织物来说，定型是一种值得推荐的收尾技术。在湿润的状态下固定形状，可以使作品轮廓明显、表面平整均匀。很多毛线在下水之后还会变得更加柔软、膨松。

1. 根据织物大小选择容器，可以是盆或者碗，倒入冷水或者温水（请参考毛线标签上的温度提示）。有需要的话还可以加入少量清洗剂（比如羊毛洗涤剂或中性洗发水）。

2. 将织物浸泡（完全浸入水中）约20分钟。

3. 取出织物，轻轻地挤干多余水分。请注意，在浸透水的状态下取出织物要非常小心，尽量避免重力拉扯，否则容易变形。此外，千万不要拧干织物，避免破坏纤维。

4. 将织物平铺至干毛巾上，从一端开始，用“卷寿司”的方法将毛巾连同织物一起卷起至另一端。轻轻按压，挤出多余水分。

5. 展开毛巾，将织物平铺在垫子等表面上。用珠针或定型针等将织物固定，以达到预期的尺寸。袜子等较小的配饰可以使用专门的定型工具，比如袜子定型器等。

6. 彻底晾干之后移除定型工具。

无缝缝合法（收针状态）

收针状态下的无缝缝合是指将已经分别收针的两片织物或者一片织物的两端进行缝合的方法。由于缝合的时候织物始终保持正面向上，因此这一缝合法相对来说更容易控制松紧度等。

1. 织物正面朝上放置，其中一片织物的尾线穿入缝针。将缝针从后往前插入另一片织物起针或收针行的第1针，再继续从后往前插入前一片织物尖角处的那针，抽紧尾线，使两片织物边缘相贴。

2. 将缝针穿过第二片织物最下方那针的整个V字形（图1）。

3. 重复步骤2，缝针交替着在第一和第二片织物之间缝合，轻轻抽拉尾线（图2）。确保缝针始终沿着同一行的线圈进行缝合。

1.

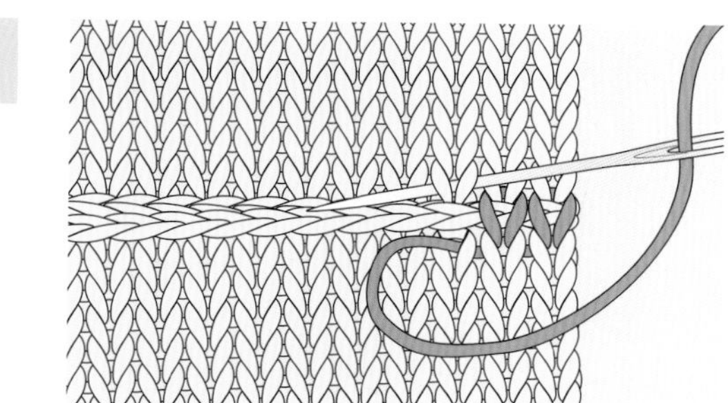

2.

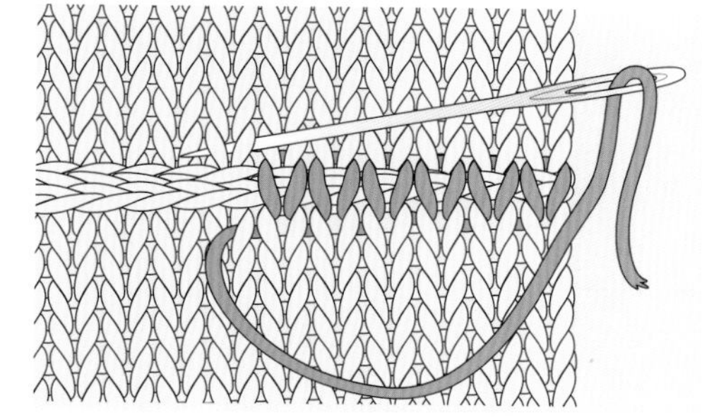

制作绒球

1. 用硬卡纸剪两个圆片，具体尺寸视绒球大小而定。在每个圆片的中心剪去一个更小的圆。将毛线沿纸环缠绕，每缠绕一圈都要从中心穿过（图3），直到中心的小圆被“填满”为止。缠绕的圈数越多，绒球越密实。

2. 取一把锋利的剪刀将毛线剪开（图4）。

3. 用一条毛线在两个纸环中心扎紧打结（图5）。小心地去掉纸环，整理一下绒球的形状，可以适当修剪一下，使绒球更圆、更饱满。

你也可以直接选择市售的绒球制作器。有不同的尺寸可供选择，且提供了详细的使用说明。

制作流苏

1. 用硬卡纸剪一个长方形，长度由流苏的尺寸决定。用毛线在纸板上缠绕20-30次。

2. 用一条毛线穿过纸板顶边的毛线束，扎紧打结（图6）。

3. 取一把锋利的剪刀将另一端的毛线束剪断（图7）。

4. 另取一条毛线，在距离流苏顶部约2cm的位置再扎紧打结，最后适当修剪一下穗状的底部（图8）。

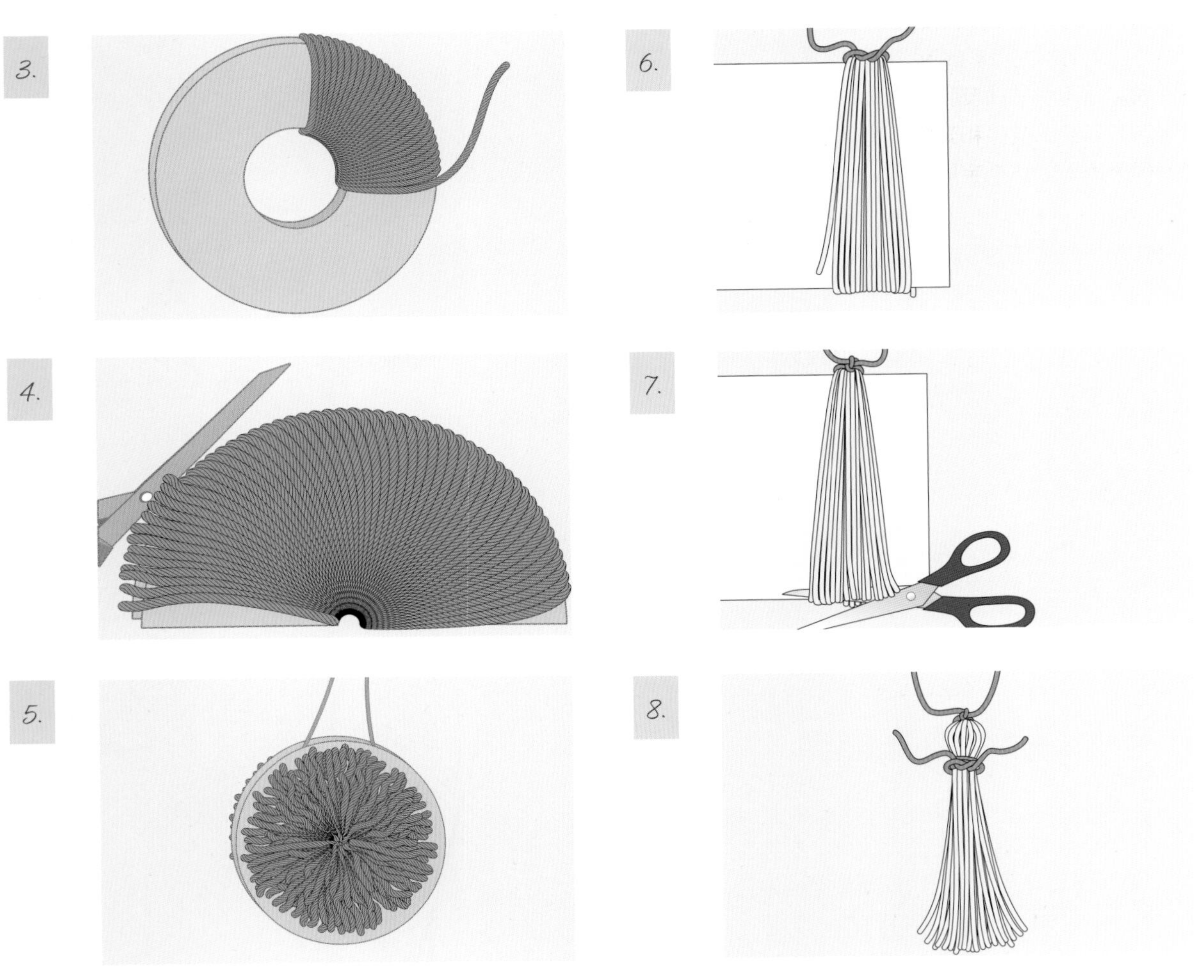

鸣谢

编写本书让我享受到了无穷的乐趣，感谢所有帮助它面世的朋友。

首先，我要感谢那些欣赏我的设计，或者编织过我的设计作品的朋友，你们的支持对我十分重要，真心感谢你们！

其次，我要感谢本书的编辑团队。莎拉实现了我出书的梦想；杰妮和琳帮助我编辑和校验；萨姆使书本看起来更漂亮；杰森拍摄了精美的照片；康创作了插图。

还要感谢Knitting Hotel的贝琳达，为我们提供了完美的拍摄场地和宝贵的摄影建议。

最后，我要感谢我的朋友和家人，你们为我的创作提供了源源不断的支持和鼓励，是我最坚实的后盾！特别要感谢我的三个宝贝：邦妮、梅布和艾力克。

作者简介

埃拉在婚后不久就开启了她的编织创作生涯。她为众多知名编织杂志和毛线厂商设计了精美的作品。埃拉与她的丈夫、三名子女、两只猫和一条狗一起定居在英国达文郡。欢迎访问以下网址，了解更多关于埃拉的设计：

Instagram: instagram.com/bombellaella

Ravelry: ravelry.com/designers/ella-austin

名：Beginner's Guide to Colorwork Knitting
者名：Ella Austin

著作权合同登记号：图字：01-2022-0224

图书在版编目（CIP）数据

玩转色彩：配色编织技法全解 /（英）埃拉·奥斯汀著；夏露译. --北京：中国纺织出版社有限公司，2022.5

书名原文：Beginners Guide to Colourwork Knitting

ISBN 978-7-5180-9073-0

Ⅰ.①玩… Ⅱ.①埃… ②夏… Ⅲ.①毛衣针—绒线—编织—图解 Ⅳ.①TS935.522-64

中国版本图书馆CIP数据核字（2021）第221901号

责任编辑：刘　婧　　特约编辑：夏佳齐　　责任校对：楼旭红
装帧设计：培捷文化　　责任印制：储志伟

中国纺织出版社有限公司出版发行
地址：北京市朝阳区百子湾东里A407号楼　邮政编码：100124
销售电话：010—67004422　传真：010—87155801
http://www.c-textilep.com
中国纺织出版社天猫旗舰店
官方微博 http://weibo.com/2119887771
北京雅昌艺术印刷有限公司印刷　各地新华书店经销
2022年5月第1版第1次印刷
开本：889×1194　1/16　印张：8
字数：207千字　定价：69.80元

凡购本书，如有缺页、倒页、脱页，由本社图书营销中心调换